# ECO LYFE

be green 🌱 love earth

ECO LYFE ❶ 荒野天堂──保護區生態重建的故事

| 作　　者 | 林心雅（Hsin-ya Lin） |
|---|---|
| 攝　　影 | 李文堯（Wen-yao Li）&林心雅 |
| 主　　編 | 曹　慧 |
| 美術設計 | 林麗華 |
| 行銷企畫 | 林昀瑄 |

| 社　　長 | 郭重興 |
|---|---|
| 發行人兼出版總監 | 曾大福 |
| 總 編 輯 | 徐慶雯 |
| 編輯出版 | 繆思出版有限公司 |
| | E-mail: muses@sinobooks.com.tw |
| 發　　行 | 遠足文化事業股份有限公司 |
| | http://www.sinobooks.com.tw |
| | 23141台北縣新店市中正路506號4樓 |
| | 客服專線：0800-221029　傳真：(02) 86673250 |
| | 郵撥帳號：19504465　戶名：遠足文化事業股份有限公司 |

| 法律顧問 | 華洋國際專利商標事務所　蘇文生律師 |
|---|---|
| 印　　製 | 成陽印刷股份有限公司 |

初版一刷　2009年12月
定　　價　350元

版權所有‧翻印必究
缺頁或破損請寄回更換

---

國家圖書館出版品預行編目資料

荒野天堂：保護區生態重建的故事 / 林心雅文；
李文堯, 林心雅 攝影. -- 初版. --
臺北縣新店市：繆思出版：遠足文化發行,
2009.12
面; 公分. -- (Eco Life ; 1)

ISBN 978-986-6665-29-5(平裝)

1. 生態保育區　2. 自然保育　3. 美國

367.72　　　　　　　　　　98019886

# 荒野天堂

## 保護區生態重建的故事

林心雅——文
李文堯、林心雅——攝影

**The Earth does not belong to man - man belongs to the Earth.
All things are connected like the blood which unites one family.
Man did not weave the web of life - he is merely a strand in it.
Whatever he does to the web, he does to himself.**

**Chief Seattle**

人類並不擁有大地,人類屬於大地。就像具有血緣關係的家庭,所有生物都是密不可分的。人類並不自己編織生命之網,人類只是碰巧擱淺在生命之網內。人類試圖要去改變生命的所有行為,都會報應到自己身上。

西雅圖酋長

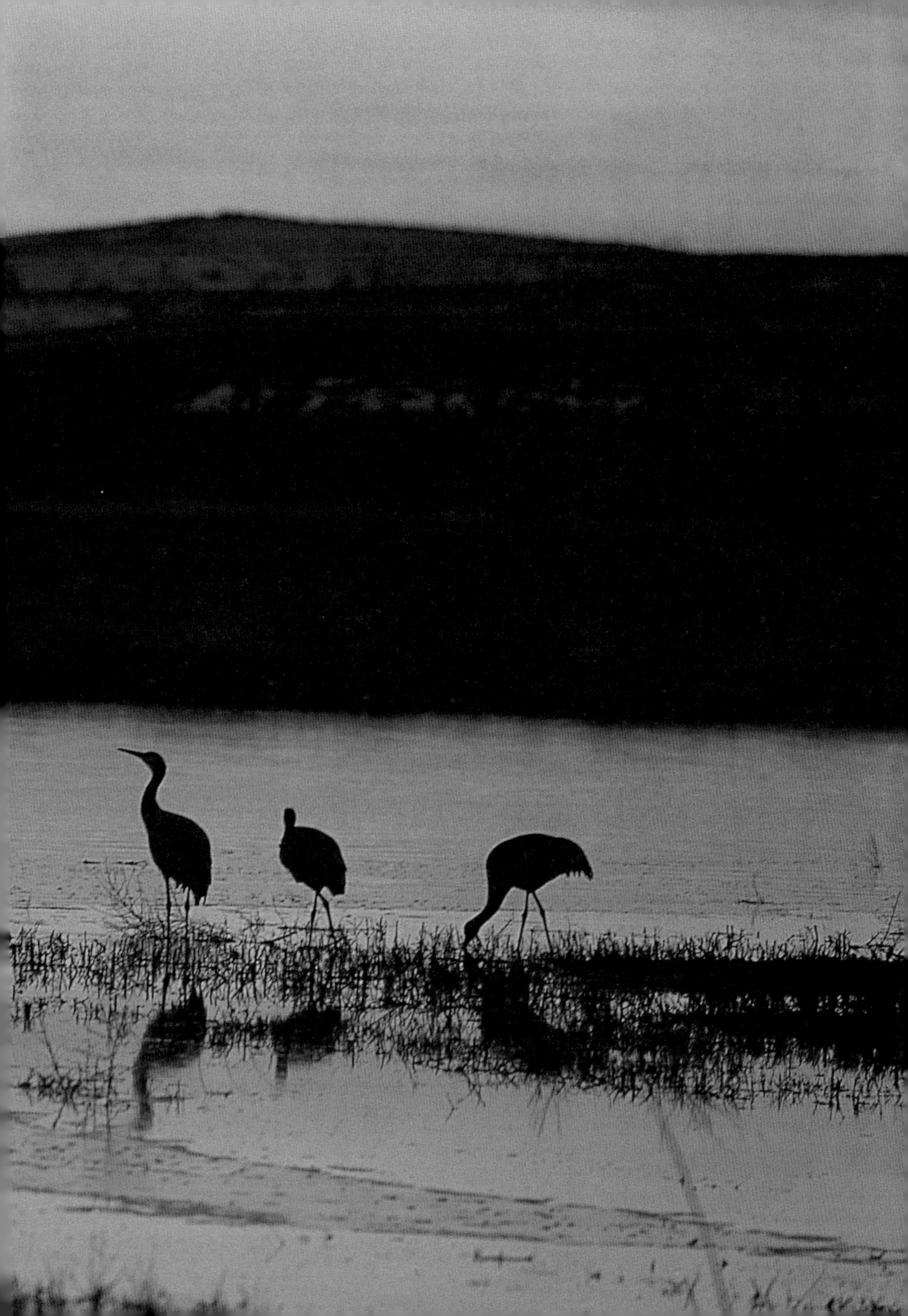

## Contents 目次

**[ 推薦序 ]**
鳥不鳥，大有關係　徐銘謙（台灣步道志工，《地圖上最美的問號》作者） …… 008
保育需要什麼？　裴家騏（屏東科技大學野生動物保育研究所教授） ………… 010
來說我們偉大的鳥故事　潘翰聲（綠黨發言人，曾任投信基金經理人） ……… 012
黑面琵鷺──台灣生態保育的重大勝利！　蘇煥智（台南縣長） …………… 015

**[ 楔子 ]**
鳥人總統羅斯福 ……………………………………………………………… 016

**[ Story 1 ] 荒山飛羽渡寒潭**
阿帕契之林國家野生動物保護區，新墨西哥州 …………………………… 024
01、綺麗的日出奇景 ………………………………………………………… 026
02、阿帕契之林 ……………………………………………………………… 036
03、哽咽的河流 ……………………………………………………………… 041
04、荒漠裡的綠洲 …………………………………………………………… 048
05、人工引渠灌濕地 ………………………………………………………… 054
06、與農民合作，為鳥種玉米 ……………………………………………… 066
07、義工的默默貢獻 ………………………………………………………… 075
08、災後重生，還她自然風貌 ……………………………………………… 082
09、如何估算「無價」的價值？ …………………………………………… 092
10、把愛灌注保護區 ………………………………………………………… 098
info
・何謂荒野區？ ……………………………………………………………… 106
・關於美國的「國家野生動物保護區」 …………………………………… 107

荒野 × 天堂

## [ Story II ] 一望無際草之河

**大沼澤國家公園，佛羅里達州** …………………………………… 112
01、鳥囀霧濃松翠間 …………………………………………………… 114
02、劍客蛇鵜展絕技 …………………………………………………… 122
03、草河平野彩鷺飛 …………………………………………………… 130
04、北美亞熱帶伊甸園 ………………………………………………… 138
05、斬斷天然心肺，歷盡世紀滄桑 …………………………………… 146
06、大沼澤之父 ………………………………………………………… 152
07、紅粉佳人，在水一方 ……………………………………………… 158
08、人為操控水文，擾亂生態平衡 …………………………………… 166
09、史上耗資最鉅的生態重整計畫 …………………………………… 174
10、錯過最初的美麗 …………………………………………………… 180
info
　・何謂水質優養化？ ………………………………………………… 190
　・米克蘇奇文化中心 ………………………………………………… 190

## [ 後記 ]

白海豚悲歌響起 ………………………………………………………… 192

## [ 附錄 ]

附錄一　老羅斯福總統成立的聯邦野鳥保護區 ……………………… 204
附錄二　旅行錦囊 ……………………………………………………… 206
附錄三　延伸閱讀＆相關網站 ………………………………………… 208

# 鳥不鳥，大有關係

徐銘謙（台灣步道志工，《地圖上最美的問號》作者）

如果你真正愛美麗的鳥羽毛（記得嗎？那種被時尚女王香奈兒批評浮誇而令人無法思考的羽毛仕女帽），你會更愛鳥羽毛生長所在的鳥兒，因為羽毛是死亡的，而像這本書中如圖畫夢境般的鳥兒卻是活生生的：當鳥兒拍動他的翅膀飛起時，你會看到，背景一輪太陽被萬鳥齊飛襯托成世上獨一無二的日出；當鳥兒斂翅用各種不同造型與顏色的喙嘴清理羽毛時，你會發現，鳥的每一部分的顏色配搭起來竟然能超越對色彩最敏銳的畫家的想像。

你將會愛上用各種不同方式吃魚的鳥，書裡面有用鳥嘴的口袋撈魚（原諒我笨拙的形容，我不是生物學家）的鵜鶘、快速精準地用喙嘴捕魚的魚鷹、用潛水以尖銳如劍的喙嘴插魚的蛇鵜、用嘴喙的觸覺而非視覺翻攪泥土反射抓魚的林鸛（哇！鳥捕魚原來這麼多學問）；同時，你也會愛上那些養育豐飽了鳥的魚兒，因此鳥才有一身豔麗健康的毛色；當然你也會愛那些慵懶偶爾捕食鳥兒的美洲短吻鱷（注意！當然不是鱷魚皮，因為鱷魚皮作為皮件也就失去了生命的光澤），因為鱷魚保持了鳥兒的合理數量，使得魚兒不會被過多的鳥捕食一空。

以及，你怎麼可能不愛上鳥兒、魚兒、鱷魚與水草、紅樹林共同生長的美麗大沼澤？！看過這本書，你會愛上清晨蒸著寒氣、映照日暮夕陽的大沼澤，不論是在阿帕契之林國家野生動物保護區或是大沼澤國家公園，為了這些美麗與生命，你更會愛著餵飽沼澤的定期氾濫的河水。

《荒野天堂》就是在講一個因為失去河水而萎縮的沼澤（以及隨之消失的鳥兒、魚兒、鱷魚與水草、紅樹林），如何在許多人的合作努力與無私奉獻下，慢慢地起死回生的故事。當然，故事的開始原本是從萬物的荒漠天堂變貧瘠無生命的過程，這個看起來荒謬的過程，其實不只在遙遠的美國上演，在世界各地都伴隨著農墾、工業開發與城市建築的所謂的「文明進步」，導致自然萬物從歷史中逐一退場。

最常被提及的人類中心版本的「荒野天堂」，是在聖經裡上帝應許的流著奶與蜜之地的以色列。

他們的科學家用高科技根部送水的方式，將一片沙漠變身為農業綠洲，在這個文明極致的神話裡，以色列胡拉谷卻證明了「人定勝天」的謬誤。胡拉谷因為胡拉湖的存在，原本真正是荒漠中的綠洲，其因地處歐亞非三洲交界，成為過往候鳥遷徙的停居地。以色列建國後，農人抽乾湖水改做農地，濕地變乾泥，候鳥不來，也沒了天然肥料，生態破壞，增加肥料與殺蟲劑也無法使農業起死回生。

　　政府發現政策錯誤，為了挽救建國之初的錯誤，特別興建了長達90公里的運河來提高湖水水位，讓候鳥回來，因而荒地也變良田。每年有超過25萬名遊客專程來此賞鳥，農夫為了保全作物不被候鳥吃光，開始撥出部分農地專供候鳥食用，並藉著候鳥在田間築巢，幫忙抓老鼠。此種食物鏈自然平衡的農作方式，促使胡拉谷農業轉向有機，而能符合歐盟制訂的高標準，農產價格提高，出口大增。這個故事可說是書中的「農民為鳥種玉米」的以色列版。

　　我們台灣有沒有屬於這塊土地版本的「荒野天堂」呢？即使我們離「生態重建」的境界還有一段很長的路要走，但是至少，我們可以現在就停止對家園的一連串破壞，當我們要築堤、建壩、造路、圍墾、排水造陸、蓋（或買）水岸住宅、興建海濱工業區的時候，我們都要停下來想一想，這個短暫而高價的破壞，將來得要付出更大的代價與時間，才能回復一點點。

　　我們不能總是先以「人定勝天」的方式破壞自然生態於一萬，然後再以「人定勝天」的作法進行「生態重建」於萬分之一。人類誤以為可以巧扮上帝，善用科技進行各種破壞與重建的實驗，而自然萬物的關聯實際上是微妙而無法人為複製、重現的。我們永遠不知道我們已經失去了多少，甚至未來還將要失去更多，如果我們繼續以為這就是文明，那麼我們的文明是建立在不斷崩毀之上，最終我們的文明也會像復活島的文明之謎一樣，因為集體的愚蠢而使文明土崩瓦解。

　　這就是這則河水、沼澤與生長其上的鳥兒、魚兒、鱷魚與水草、紅樹林還有人的故事，用他／牠們的生命要讓我們聽進去的啟示。

## 保育需要什麼？

裴家騏（屏東科技大學野生動物保育研究所教授）

還記得1990年剛學成返國的時候，保育界的前輩看到我常常提出一些積極管理的論調，因此特別善意的提醒我：「國內沒有野生動物經營管理的需要」；言下之意是，忙著保護都來不及了，哪有功夫去談牠們對社會的「經濟」價值。當時主流的保育策略較傾向劃設保護區以隔離野生動物與人群，讓牠們得以喘息，並且反對任何人為的介入。這樣的態度是承襲了1970到80年代，西方的保護主義對野生動物經營管理專業的反感，比較激烈的人甚至認為「利用」野生動物是不道德的。雖然進入90年代之後，西方的學者專家在實務上，已經做了調整，不再視經營管理為洪水猛獸了，不過，在那個國內剛起步的年代，我們也確實沒有太多的社會條件和專業知識可以談永續利用。那時的保育需要的是覺悟、堅持和熱情。

但是，野生動物的經營管理只有漁獵活動的管理或商業利用的開發嗎？其實，它的內涵還包括了物種復育和危害管理，而且非常強調以科學性資料為基礎的「滾動式管理（Adaptive Management）」原則。所謂滾動式管理，基本上就是透過對野生動物族群的長期監測，不斷的評鑑管理方案所產生的實質效益，並主動修訂管理方案以為因應的一個持續微調的循環過程。

前述西方保育界的轉變，也正是因為大家逐漸發現，在實際的野生動物復育工作中，徒有熱情而沒有科學方法（例如，族群數量的估算、棲息環境的重建，和社會經濟學的分析等）的搭配是不足以成事的。他們甚至喊出了「保育需要經營管理」和「以永續利用來做保育（Conservation by sustainable use）」的口號。此後，不但大量借重經營管理界現成的專業能力，後者更是將相對落後、貧窮地區居民的生存、發展權力，納入考量，因為這些地方常常因為自然條件仍然保持良好，而被政府規畫成大自然的保護區，並被限制社區發展。

這本書所描述的兩個美國南方的濕地保護區，正是這樣積極管理下的產物。兩位作者將親身的體驗，以引人入勝的圖片和輕鬆的文字，講述了兩個野鳥天堂的故事：一個是過去到現在的歷史、一個是現在到未來的遠景。全書也維持了兩位作者自然生態寫作的一貫風格，充滿了認識大自然的樂趣和

生態保育的新知識。

　　事實上，20年來，國內野生動物議題所牽涉到的面向也逐漸的多元化了，從物種分類地位的再釐清到遺傳多樣性缺乏的彌補、從瀕危物種的復育到農業危害的預防、從外來入侵物種的移除到非法野生動物貿易的防堵、從棲息地的保存到生育環境的重建、從原住民漁獵權力的恢復到疾病對野生族群衝擊的監控……而解決方案也不再只是隔離、呵護了，不但積極管理的案例越來越多，甚至連農漁村和原住民部落的參與保育都蔚為風氣，改變不可謂不大。

　　看來，未來國內的保育工作除了也需要以專業為基礎，一步一腳印地逐步微調所作所為外，看完這本書後，我倒覺得保育還需要更多像文堯和心雅這樣的人，用心去看，然後用心去講。

Foreword ［荒野天堂］

## 推薦序 Foreword

## " 來說我們偉大的鳥故事

潘翰聲（綠黨發言人，曾任投信基金經理人）

去年在台塑鋼鐵的環評會上，才提及學界稱作中華白海豚的媽祖魚，現場就一片混亂，我處變不驚地把握受限的發言時間，簡要闡述成功保護黑面琵鷺又能永續發展的模式，但某些聽到媽祖魚就抓狂的人根本聽不進去，之後就發生前環評委員文魯彬遭地方人士痛毆的環保署暴力事件。

十幾二十年前，某些台南人也是聽到黑面琵鷺就抓狂，同樣先否認有這種鳥存在，接著說「人都吃不飽了，擱顧鳥仔？」，豈料當年熱烈推動工業進駐的地方頭人，後來蓋了當地最大的度假村，而七輕和大煉鋼廠等業者早已人事全非。整個開發案雖在政商威逼下通過環評，但遲遲未能進行，今年終於悄悄在區域計畫委員會確認結案蓋棺論定。

最初風頭水尾的艱苦漁民難以理解，曾文溪口這些「La飛」何以讓幾個鳥人沒事也來浸在寒冬裡，這191隻一般人未曾聽聞的黑面舞者，後來竟擋住兩千多億元的重大開發案，保住牠們冬天的家。近年在台度冬者已增加到將近兩千隻，占全世界四分之三，並隨著護照遨遊國際，幾乎登上國鳥地位。

漫漫十多年的社會運動歷程結合各界力量，各領域學者證明其重要性，保育專家磨亮了濕地的多樣性，讓大大小小的鄰居們也登上舞台。美濃客家鄉親也擔心，頭頂要蓋一座大水庫經越域引水，供應高耗水的業者。總是扮黑臉的「環保流氓」在股東會場外炸蚵仔，炒熱國際大串連，日本鋼廠回函說會留意。更不用說，地方政治人物用苦行選上縣長，最近推動設立了國內第一個濕地國家公園—台江。

舊金山柏克萊大學景觀建築系藍弟‧鶴斯特（Randy Hester）教授的學生們，每年都和台大城鄉所合作跨國工作坊，並舉辦用回收廢棄物做成黑面琵鷺的競賽。2006年國際環保團體地球島協會舉辦「黑面琵鷺國際救援聯盟」（SAVE）十週年研討會，眾人齊心提出幾個不同的方案，要活用公有地上的廢棄魚塭（其開發經費來自美援故稱美國塭），為黑面琵鷺復育更多的棲息空間，縣府團隊也認真討論實踐的可能性。

壁上掛著第一年原始規畫構想圖，當時我只是一個小小研究生，帶一群

國際學者跑遍現在台江國家公園的範圍，英文不好而鬧了不少笑話。幸而溪口宛如灰藍水墨畫裡的一抹白線，透過鏡頭拉到眼前表演黑琵撈魚功，讓他們愛上這群可愛的嬌客。敬業的鶴教授不只吃下虱目魚十八吃的每一道小菜，半夜還到台灣三尖──本島最西端的頂頭額汕沙洲看漁民撈鰻苗，品嚐野生土龍酒的溫潤熱情。

　　走過綿延不絕的魚塭與鹽田，我還傻傻分不清鷸科鴴科，卻自此愛上賞鳥，從龍山村小漁港搭舢舨穿過水道進內海，才疑惑漁民如何在看來都一樣的水面劃分蚵架與定置漁網的地盤，又驚見整群的鸕鶿一支柱一隻鳥，而巨大沙丘掩蓋了防風林，泥灘上直走鑽動的和尚蟹衝撞心頭。爬過機械曬鹽的碩大鹽山，也到北門拋荒的小巧人工鹽田，地盤瓦片織成美麗的庶民圖案，野鳥居然就地築巢，會孕育出洪通也不奇怪；而鶴教授到南鯤鯓上香求得上上籤，當時我們幾乎都覺得詫異，但神準的王爺化不可能為可能，趕走了現代瘟神。

　　工業汙染的陰影已然雲破天青，新聞報導每年有一百萬人次到七股濕地及周邊旅遊，「治天下」要面對的課題顯然不比「打天下」單純。

　　人類巨大生態足跡的蝴蝶效應，已經令地球幾乎不存在純粹的自然荒野。更不用說高人口密度乘上高度開發的台灣，外來經濟活動的壓力，原住民文化和在地居民的生存權，都是自然保育艱鉅的挑戰。

　　這本書在島國封閉的屋頂敲個洞，引進他方的智慧之光，讓我們像海綿一樣吸收各地經驗，為我們創造出因地制宜的多贏方案打基礎，到時候世界還有哪個地方會做不到？

　　作者介紹這兩個美國的案例，都不是一般人刻板印象地想像，將門鎖起來就算保護區，而需要以人為治理的適切介入，才僅僅稍加彌補過去無知之過，不論是大型水壩或是主幹公路開發。

　　政府必須有決心擬定長達數十年的計畫，並撥付大筆經費，是根本的必要條件，還需要善用制度引導民間與志工熱情投入，才能讓整個生態系統的保護工作充分成功運作。

## 推薦序 Foreword

　　長期而言，政府以金錢數字作爲單一價値的政策目標，這種短視將導致許多不可逆轉的嚴重錯誤，在永續發展的立場上，我迫切渴望幸福和快樂的替代指標能夠趕快建立機制。短期內，以資本主義的市場語言，精確地計算七股在地漁業和生態旅遊的經濟效益，則可以爲黑面琵鷺固守陣地，同時奧援前線瀕危的媽祖魚。

　　本書精采圖片絕非向圈內人炫耀之作，適時引述漢語古詩詞也不是附庸風雅，亙古的美感悸動藉由感染，將點醒貪婪之島上的人們，不要停留在過往一時的經濟奇蹟與民主奇蹟，傳頌子孫的生態奇蹟才是真的偉大。

# 黑面琵鷺──台灣生態保育的重大勝利！

蘇煥智（台南縣長）

1863年英國博物學家史溫侯（Robert Swinhoe）記載其在台灣淡水看到一對黑面琵鷺，這是台灣最早有黑面琵鷺的記載，然事實上當地漁民老早就已認識這種黑臉黑嘴、嘴形如琵琶的鳥，並俗稱牠們為「La飛」。

1992年農委會正式公告黑面琵鷺為瀕臨絕種野生動物而加以保護，然而緊接著燁隆集團、東帝士集團的濱南工業區計畫，包含大煉鋼鐵城、煉油廠、七輕石化綜合廠投資案，離黑面琵鷺主棲息地距離僅約九公里。

當時煥智與一群關心環保的朋友，在暴力及污名化的威脅之下，義無反顧起而反對濱南工業區，因為，如果黑面琵鷺不能生存，而人的生存環境也將陷入危機！

2002年1月，我剛就任台南縣長，提出黑面琵鷺棲息環境與保護區劃設計畫，同年10月農委會公告「台南縣曾文溪口黑面琵鷺野生動物重要棲息環境」，面積634公頃，11月縣政府公告「黑面琵鷺保護區」，面積300公頃。

2002年12月發生黑面琵鷺肉毒桿菌中毒事件，為及時搶救黑面琵鷺並協同全國專家會診，乃於保護區設立「保育管理中心」及「保育研究中心」。2009年，歷經16年多嚴重爭議的濱南工業區案，終於走完所有行政程序審查終結，未來若要再於七股當地提出工業區報編，得重新申請，這是台灣生態保育的重大勝利！

這段期間，我們推動「生態教育」及「生態旅遊」的腳步不曾停下，包含從黑面琵鷺及其他鳥類及濕地生態之旅，及七股潟湖生態體驗活動，到鹽山、鹽博館、觀光赤嘴園一系列的生態教育之旅，打響全國對黑面琵鷺保育的重視！

2007年內政部營建署將黑面琵鷺重要棲息地列為「國際級的濕地」，兩年後，連同台灣最大的潟湖、台江內海最後的遺址──七股潟湖正式納入成為台灣第八座國家公園「台江國家公園」！

在國內外保育人士、生態環保團體、農委會及保育主管單位努力下，這群優雅的外來嬌客，終於能在台南縣獲得沒有工業污染、沒有生命威脅的保護，安心在台南縣過冬！

願黑面琵鷺保育的努力，能為台灣永續、地球永續略盡綿薄之力！也願此書的出版，可以為國人在生態保育上開啟新視野，進而將生態重建具體落實在你我的家園和生活裡。

## 楔子 Prelude

# 鳥人總統羅斯福

先來說一個偉大的鳥故事。

距今106年前，也就是公元1903年，美國紐約著名的環保組織「奧杜邦學會」會長崔普曼（Frank Chapman）向一位朋友求救。他說，佛羅里達有個面積三英畝的鵜鶘島（Pelican Island），是該州在大西洋沿海最後僅存的褐鵜鶘棲息地，目前已遭受嚴重威脅，在獵人毫無節制的濫捕濫殺下，該島已有很多鳥類被殺戮殆盡，包括大白鷺、雪鷺、紅鷺等。

崔普曼本身是位鳥類學家，擔心那個島上的褐鵜鶘（Brown Pelican），也會像其他鷺鳥一樣，被獵殺到一隻不剩。因此他懇求他那位同樣愛鳥的朋友，能不能做些什麼事，不管用任何方法，救救這些鳥兒？

為什麼那時的鳥兒會被人們大肆獵殺呢？

因為在那年代，上流社會的仕女很流行用鳥羽作為帽飾。我們都知道鳥兒在求偶育雛期間，羽毛會變得特別漂亮。在流行時尚大量需求下，成鳥美麗的繁殖羽價值之高，甚至比金子還值錢。獵人受重利所誘惑，便特別喜歡在繁殖季節射殺鳥類。可以想見，忙於哺育的雙親一旦被殺，羽翼未豐的雛鳥無法自食其力也就無法存活。只要這般濫殺行為一直持續，過不了多久整個族群當然就會滅絕。

幸運的是，崔普曼拜託的那位愛鳥朋友，不是別人，正是當時的美國總統──希奧多‧羅斯福（President Theodore Roosevelt），人們慣稱為「老羅斯福」，暱稱泰迪（Teddy）。

　　雖說美國第一座國家公園──黃石公園早在1872年就成立了，但直到1903年，保護這些鳥兒及其棲地的法令仍然付之闕如。羅斯福總統聽了他朋友的請求，想了一下，問他幕僚：「有沒有什麼法律，禁止我將鵜鶘島宣布為聯邦鳥類保留區？」（ "Is there any law that will prevent me from declaring Pelican Island a federal bird reservation?" ）當他被告知，並沒有任何法律禁止他這麼做，而且那小小鵜鶘島是屬於政府的土地後，便說了這麼一句：「很好，那我就這麼宣布。」（ "Very well, then I so declare it." ）

　　就這麼一句話，羅斯福總統設立了美國第一個以「保護野生動物」為宗旨的聯邦保護區，並同時開啓了今日「國家野生動物保護區體系」（National Wildlife Refuge System）。老羅斯福這項舉措不但產生立竿見影之效，影響更是無遠弗屆，不僅為鳥類提供了由國家直接介入保護的避難所，也一併保護其他無以數計的動植物棲息地。

Prelude ［荒野天堂］

## 楔子 Prelude

雪雁身長約70公分。圖中雪雁正在濕地中覓食植物根莖與種子。

褐鵜鶘在求偶繁殖季節，羽毛會變得特別漂亮。

　　野生動物保護區的成立，更是向全國傳遞了一項重要訊息，那就是所有生靈萬物均有其存在價值並值得被善加保護。百年來，這個體系不斷成長擴大，至今已有逾535個野生動物保護區，涵蓋領域從佛羅里達擴及阿拉斯加，從夏威夷遠至波多黎各，生態環境包括了濕地、荒漠、苔原、海岸、森林等各種棲地，面積合計將近9400萬英畝，約占美國表土面積4%，已成為世界上規模最大的自然保育體系。

＊　　＊　　＊

　　老羅斯福不啻為美國保育史開啓了新紀元。而他會這麼喜歡鳥類和野生動植物，不是沒有原因的。他在1858年生於紐約一個富裕家庭，父親是美國自然歷史博物館的創始者之一。八歲的時候，小泰迪已在自己房裡設立「羅斯福自然歷史博物館」（Roosevelt Museum of Natural History）。在他十歲時寫的一封

信,便曾為了一棵樹被砍倒而悲嘆。13歲時,父親送他一支霰彈獵槍,自此他更鍾情於各種動物與鳥類標本的收集,對大自然的研究也成為他一生興趣與愛好。

在哈佛求學期間,他參加了納透鳥類學社(Nuttall Orinithological Club),是今日美國鳥類學家聯盟(American Ornithologist's Union)的前身。後來他並成為長島鳥社(Long Island Bird Club)的創始人。任職紐約州長期間,老羅斯福要求終止羽毛的買賣交易,並傾力支持奧杜邦賞鳥學會各種保育活動。他曾說,「樹上或海灘上活生生的鳥比女人帽上羽毛要漂亮多了」(Birds in the trees and on the beaches were much more beautiful than on women's hats.)。

1901年麥肯利總統(President William McKinley)遇刺身亡,副總統羅斯福依法繼任,年僅42歲,成為美國開國以來最年輕的總統。至1903年宣布成立鳥類保護區,他不過才44歲。在白宮日理萬機之際,他仍不忘時時更新自己觀察記錄的「華盛頓DC特區鳥類一覽表」。好友崔普曼曾這麼形容:「即使羅斯福投注意來愈多時間和心力在公職生活上,鳥兒始終在他心中占有一席之地。」在他生平多達三十餘本著書,還有無數評論、文章、信函中,很多內容都和鳥有關——試想,古今中外又有多少國家領袖會把「鳥」寫進作品中呢?

一旦入主白宮,再沒其他總統像老羅斯福這樣,對美國大自然的保育產生這麼直接而長遠的影響。像受過訓練的生物學家,他深諳物種急速消失的真實狀況。身為國家最高領導者,他充分運用總統權限,並融合自己對自然界的豐富知識,將保育理念付諸政治行動,按其一貫作風,迅速確實地針對問題進行拯救。在1901至09年的總統任內,他除了「就這麼宣布」51個聯邦鳥類保護區以外,還劃定150個國家森林區,成立5座國家公園,4個國家狩獵保留區,18座國家紀念地(national monuments)——包括今日舉世聞名的大峽谷,並實行24個排水開墾計畫。短短七年半的任期,他有效運用聯邦的力量保護全美近兩億三千萬英畝的土地。

即使在1909年卸任後,老羅斯福終其一生都是倡導保育理念的代言者。他曾說過:「在這國家,再沒有比保育議題來得更重要了。」("There can be no greater issue than that of conservation in this country.")也難怪老羅斯福會被某些評論家視為有史以來最重視保育議題的總統。今日在北達科他州的希奧多‧羅斯福國家公園,便是為了紀念老羅斯福在美國自然保育史上的不

## 楔子 Prelude

朽貢獻。而在南達科他州總統山（Mount Rushmore National Memorial）巨岩上雕刻的四位總統肖像，老羅斯福更和華盛頓、傑佛遜、林肯並列，可見其在歷史上的重要地位。

\* \* \*

公元2000年，在老羅斯福創設第一座野生動物保護區將近百年後，因緣際會，我來到了新墨西哥州南邊的阿帕契之林（Bosque del Apache）。那是我生平首次見識到，美國的「國家野生動物保護區」和「國家公園」到底有何不同。即使在那之前，為了拍攝大自然景象而曾深入踏訪無數個國家公園，自己卻怎麼也料想不到，竟會在那人跡罕至的高原荒漠上，看到平生最撼人心弦的飛羽綺景！

而當我漫步於佛羅里達南端的大沼澤國家公園（Everglades National Park），才驚覺在那一望無際、平坦遼闊的漫漫草澤中，竟隱藏著那麼多種類的珍禽異獸，自己彷若置身於古老傳說中處處鳥語花香的伊甸園。何其有幸，老羅斯福曾親眼目睹並記錄下來的褐鵜鶘、三色鷺（Tricolored Heron）、黑剪嘴鷗（Black Skimmers）、裏海燕鷗（Caspian Gulls）、笑鷗（Laughing Gulls）等各具姿色的鳥兒，在百年後的今日，我仍能看到牠們輕

靈曼妙的身影成群翱翔，自由自在徜徉於遼闊天空中。

我不禁想到，「國家公園之父」約翰・謬爾（John Muir）書裡所描述的20世紀初期。那時保育意識才剛萌芽，環保運動依然方興未艾，美國仍處於過度伐木、濫捕、毫無節制的工業開發階段。大自然資源似乎取之不盡用之不竭，生態環境正蒙受巨大浩劫。在這樣的時代背景下，亟需一位強有力的保育倡導者願為所有生靈請命。若非老羅斯福高瞻遠矚的眼光、當機立斷的魄力、劍及履及的精神和熱愛大自然的本性，在合乎法、理、情之最大尺度內「就這麼宣布」一座又一座保護區，今日的我們是否仍能見到那些「被視為理所當然的」諸多美麗鳥兒呢？

而對於美國的鳥兒來說，又是一件多麼幸運的事啊！由這樣一位愛鳥人適時入主白宮，不僅為民喉舌，也為鳥兒、為大自然發聲。在保護區裡，傾聽那悅耳動人的鳥囀蟲鳴，欣賞那優美雅致的羽裳交織一片漫天飛舞的大自然美景，老羅斯福所贈與後世的禮物，那價值之偉大，根本無法用金錢來衡量。

隨著大地過度開發，生態遭受破壞，環境問題層出不窮，就愈加突顯羅斯福總統的先知灼見，追求人與自然和諧相處的智慧及其可貴之處。我們看到了作為一國元首，其學識涵養、眼光見解、甚至終生興趣，將對施政方向以及後世福祉產生無法衡量的深遠影響。

大自然的美，是不分國界的。目睹眼前一切，那自由揮灑天地間無法言喻的飛羽之美，心靈悸動之餘，我不能不對老羅斯福這位偉大的政治家心存深深的感恩與感謝。多麼希望，我們也能出現一位以生態保育為首要考量的國家領袖。多麼希望，我們終能走出「人定勝天」的迷思，不再不惜一切代價追求GDP經濟成長，好好善待大地。

多麼期待，我們的總統也能像老羅斯福那樣，認為真正的民主制度，必須以長遠眼光來評量，將那些還未出生的後代子孫也一併納入民主體制中——

**因此，保障後代的權益與福祉，就是保障「最多數人」的權益與福祉。**

以上，只是我想講的第一個鳥故事。待深入踏訪，我才發現上述兩個保護區成立後，在20世紀都曾因為上游不當開發破壞而導致自然生態失衡、面臨岌岌可危的情境。也是後世人們在漫長歲月中不斷努力重建，才漸漸得以起死回生。

接下來要說的，就是保護區如何起死回生，另外兩個偉大的鳥故事。

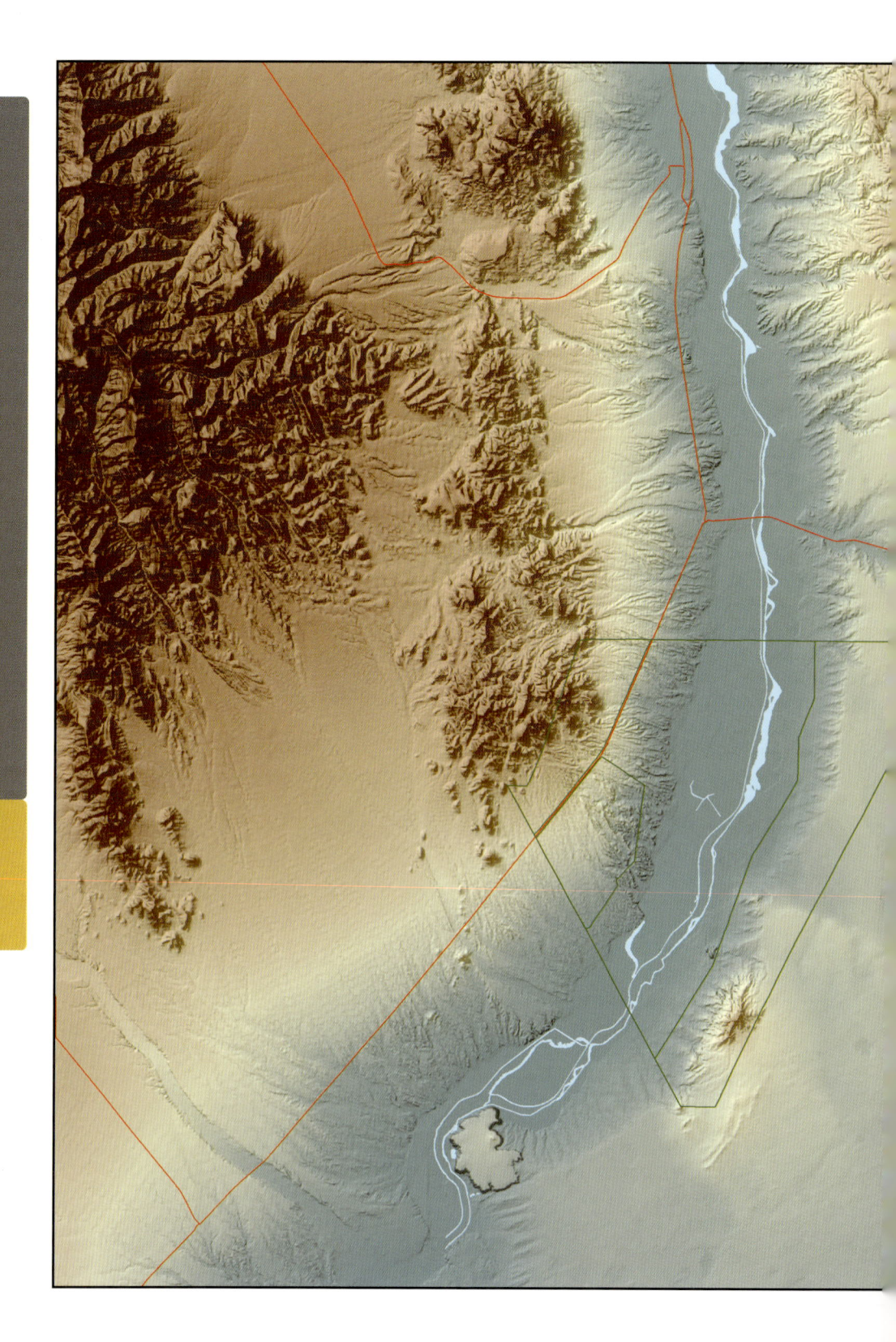

阿帕契之林國家野生動物保護區，新墨西哥州

（李文堯繪製）

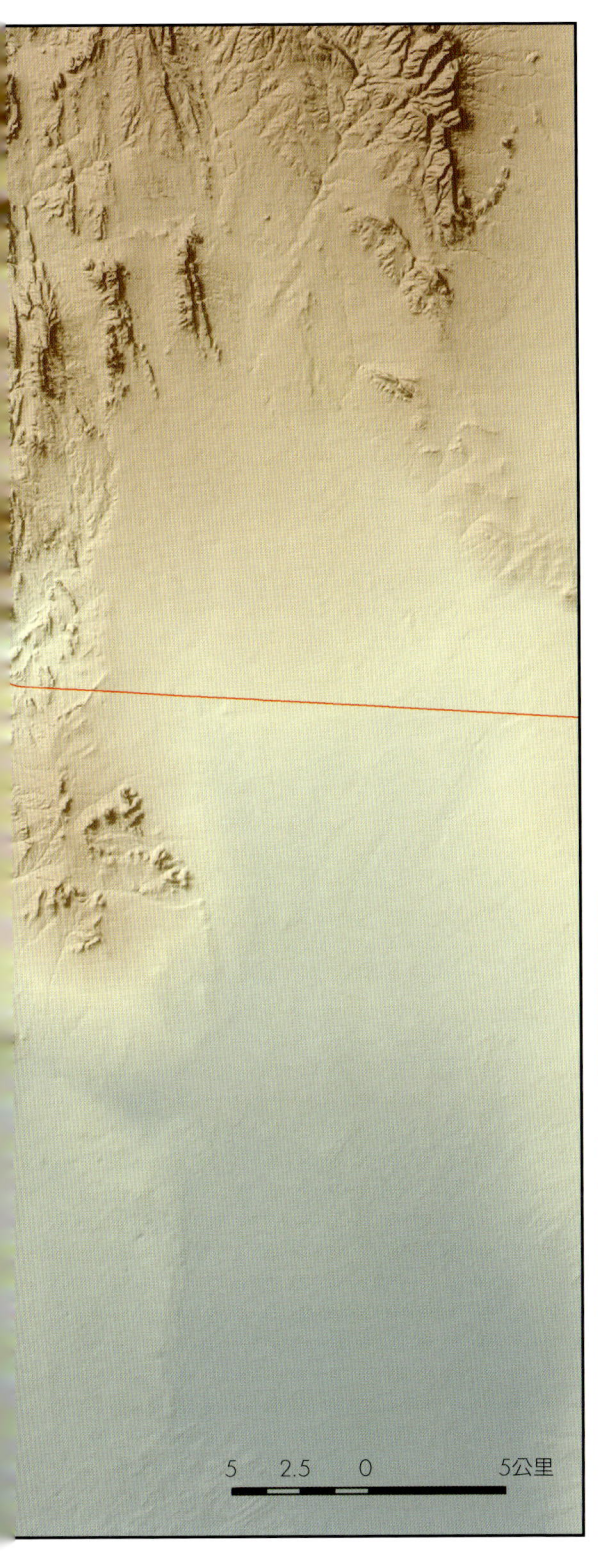

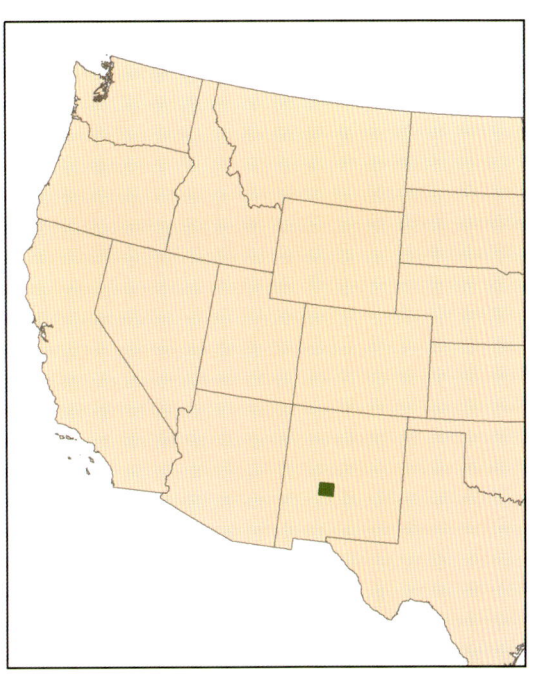

保護區界線
道路
河流

3285

1356 公尺

5  2.5  0      5公里

荒野　天堂

# Story 1

荒山飛羽渡寒潭

# 荒山飛羽渡寒潭

## 阿帕契之林國家野生動物保護區
## Bosque del Apache National Wildlife Refuge

Bosque del Apache National Wildlife Refuge ［ 荒野天堂 ］

阿帕契 之林
Apache

## 01

▶綺麗的日出奇景

　　第一次認識這個野生動物保護區，是在公元2000年的寒冬。

　　前一晚，高原還下了大雪，氣溫降至零下。黎明前的黑夜，更覺冰冷。匆匆泡了一杯咖啡暖身，將所有攝影器材放到車上，趕忙上路。

　　從小鎮旅館到保護區至少30公里車程。往南開了約莫20分鐘，我們從柏油路轉進保護區的土石路。按照路邊標示，緩緩駛近一處沼澤，只見池畔人影幢幢。岸邊隱約矗立著一支支粗壯的三腳架和猶如大砲的長鏡頭，顯然有很多攝影同好來得更早，已經準備就緒了。

　　「WOW，怎麼大家都起得這麼早啊？！」驚訝之餘，不禁心想，什麼樣的日出景象，能讓這麼多人肯在這麼冰寒刺骨的黎明時分，站在寒氣這麼濕重的沼澤旁痴痴地等呢？

　　把車燈熄滅，下了車，冷冽寒風撲面襲來。趕緊穿上羽毛外套，戴上手套毛帽。走近池邊一看，發覺近岸水面

已然結了一層薄冰。望向前方，隱約可見的是眼前一大片寒潭中棲息著無數雪雁（Snow Geese），那潔白綽約的身影密密交織層層疊疊地綿延至遠處幽暗山影裡。

「啊，好誇張，居然有這麼多雪雁！」我高興指給文堯看，整個人不禁興奮起來。藉著頭燈微弱的光，我們在沼澤邊選了一塊空地，迅速搭起腳架相機。記得那年我們仍使用傳統的35mm幻燈片拍照。為了怕錯過任何瞬間美景，一人負責兩台單眼相機，文堯腳架上裝著500釐米的大砲鏡頭，我的則是300釐米。此外我們肩上各揹著第二台相機，分別裝上70～200釐米和24～150釐米的變焦鏡頭。

兩人共四台相機，從廣角到長鏡頭一應俱全，口袋裡裝滿了底片，還有一堆備用電池。我以為這樣就萬無一失，應該都準備好了。

時值12月下旬，這裡要等到七點一刻才日出。池畔人們悄無聲息，在攝氏零下的冰凍中耐心等著。「好冷啊—！」寒意從四肢襲往心頭，不由得瑟縮身子。我不住甩動雙手，戴了兩層厚厚手套，卻絲毫擋不住寒風鑽刺。凍得愈來愈僵的手指變得不聽使喚，連操作腳架頭那顆小轉軸都十分遲鈍。

曙光初露，天色一點一點清亮起來，勾勒遠方一抹起伏山形。沼澤邊稀疏的林木逐漸清晰，寒潭冰面的薄霧泛起了迷濛柔漾光澤。晨曦中的雁群呱呱嘎嘎叫著，此起彼落。儘管寒氣逼人，雁兒卻個個精神抖擻充滿生命力，像用歌唱暖身，要以最生動雀躍的音符譜出大自然樂章，迎接這全新的一天。

見到身旁有些人們也在活動四肢，原地蹦蹦跳跳地暖身。那情景，

Bosque del Apache National Wildlife Refuge ［ 荒 野 天 堂 ］

阿帕契 之林
Apache

就如同人們和鳥兒不約而同引頸企盼著，一起期待溫暖的日出。

終於，一彎澄黃從東方山頭露出。轉瞬間，彈跳出一輪太陽，萬丈光芒恣意灑下。池面彌漫的白霧煙嵐被渲染成金色朦朧，由濃淡潑墨轉而為亮麗水彩。冰上群雁被描繪出一隻隻層次動人的逆光剪影，彷彿入了畫中，如此真實又如夢似幻，化融於大地山水的虛無縹緲間。

驀地，右側寒潭中，幾百隻雪雁一齊振翅飛起。「看，飛起來了！牠們飛起來了！在那邊──！」有人驚呼著。

旋即，四周雁群倏忽跟進，默契十足地，成千上萬數不清的雪雁紛紛展開雙翼，「啪搭、啪搭」價天響地，幾乎同時振翅而起。

那沛然莫之能禦的壯大聲勢，剎那間，在眼前撲朔交織成一面巨大的白色羽牆，遮掩了大半天空，輕易擋住刺眼的太陽。數萬隻雁群呱嘎叫響，挾帶雷霆萬鈞的隆隆聲勢，從頭頂飛掠而過，像一架架呼嘯的迷你戰鬥機。待飛得更高更遠些，韻律有致地在上空盤旋環繞，很有默契地組成了一道道「人」形，前仆後繼蕩漾著。又如藍天中輕盈起伏的白浪，一波又一波，終而愈褪愈遠，慢慢消逝於遠方天際。留下一池空蕩蕩的寒潭，與池畔驚歎的人們。

不過短短幾分鐘內，所有雁群已振翅遠去。短暫如驚鴻一瞥，那瞬間停格的畫面卻已凝結為永恆的美。內心被深深震撼著，久久不能自己。

這一生，我從未見過這麼驚心動魄的大自然飛羽綺景！

事前，我真的以為自己準備好了。相機、腳架、長鏡頭、底片、電池，所有該有的攝影裝備確實都準備妥當了。後來才發覺，唯一沒準備好的，卻是自己的心。

旭日東升之前，金色朝霞映照著一片雪雁棲息池澤。

有時雪雁沒等太陽升起就飛，橘澄色彩的天空，映著飛雁剪影。

Bosque del Apache National Wildlife Refuge ［荒野天堂］

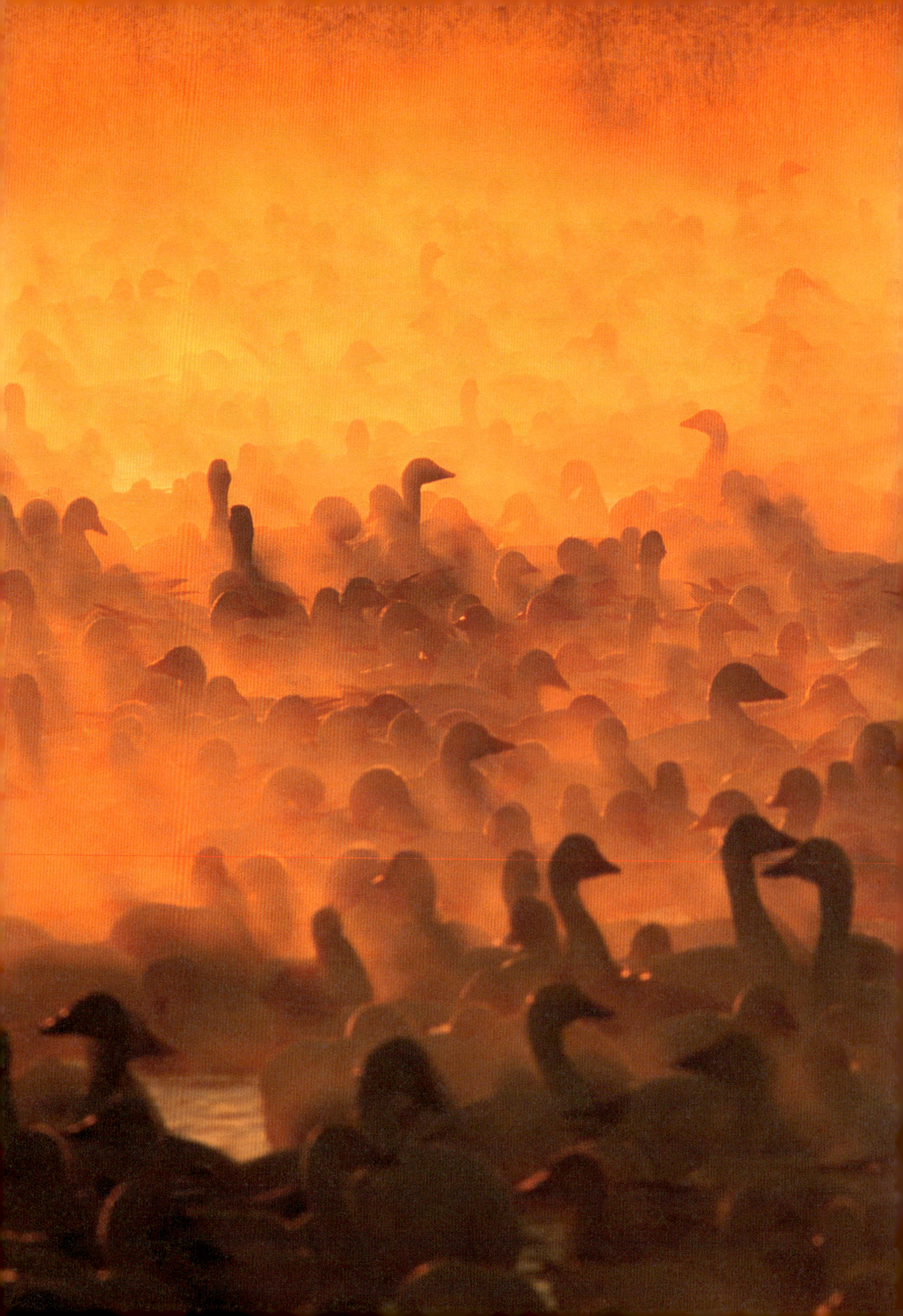

太陽的光芒，將迷濛薄霧渲染了金黃色彩，雪雁也彷彿入了畫般。

數不清的雪雁飛起，織成一片撲朔迷離的粉色羽網。

　　雁群振翅起飛之際，那聲勢是如此浩瀚龐大，撲天蓋地而來，一時竟驚得呆了。忍不住發出一聲又一聲"WOW"的讚嘆，彷彿自身靈魂也跟著雁群昇華，欲隨之飛向無盡蒼穹。瞠目結舌、心神恍惚間，竟忘了按快

門。

　　待一回神,驚覺要趕緊捕捉鏡頭,倉促間,當然一陣手忙腳亂。因為我完全沒料到這高原荒漠中的日出,會出現如此遠遠超乎想像、筆墨難以描繪的壯闊奇景。

Bosque del Apache National Wildlife Refuge [ 荒 野 天 堂 ]

雪雁同時振翅飛起，擋住了太陽耀眼光芒，場面壯觀驚人。

至此我才了解，為何有人描述阿帕契之林的美是「無法用言語形容的」，為何這國家級的野生動物保護區，會被美國自然攝影界公認為北美最佳十大賞鳥景點之一，會被美國著名的《賞鳥者的世界》雜誌評選為全美前十名最熱門賞鳥地點，並被美國地質測量署（USGS）的野生動物研究中心評譽為「美國大西南地區觀察與拍攝冬候鳥的最佳地點」以及「北美最壯觀驚人的賞鳥點之一」（"One of the most spectacular bird-watching in North America."）。

　　如果考慮美國目前共有五百多個國家野生動植物保護區，此外還有三百多個國家公園與國家紀念地，無數的州立公園以及長達將近20萬公里的海岸線，就知道阿帕契之林這麼備受高度讚譽，能如此傲視群倫，有多麼不簡單了！

準備降落的兩隻雪雁，可清楚看出其羽翼尖端是黑色。

Bosque del Apache National Wildlife Refuge　[ 荒 野 天 堂 ]

# 02

## ▶ 阿帕契之林

阿帕契之林
Apache

「那麼多的雪雁，牠們要飛去哪裡呢？」旁邊一位全身裹著厚厚雪衣，小小鼻頭和腮幫子都凍得紅紅的小女孩，抬頭問身邊的媽媽，模樣十分可愛。

「現在嘛？我想牠們要飛到北邊的田裡去找東西吃吧。」媽媽指指北方說。

「那，牠們為什麼晚上不留在田裡睡覺，要待在這麼冰冷的水裡呢？」小女孩很認真，繼續追問。

「因為待在這一大片水裡，才安全啊……如果留在田裡睡覺，那些野狼就會趁黑漆漆的夜裡，偷偷抓牠們來吃，那不是很危險嗎？所以囉，晚上飛回來待在這沼澤裡，牠們就不容易被野狼攻擊，就能放心休息了。」

「可是，雪雁待在沼澤裡，水這麼淺，野狼還是可以走進水裡去抓牠們呀？」我在一旁靜靜聽著，心想這女孩還真聰明。

「欸，野狼如果不怕弄濕又不嫌麻煩，當然可以走進沼澤抓牠們。可是走在水裡並不像走在田裡那麼靜悄悄，

保護區的原生植物棉白楊樹是落葉樹，在冬天葉子都掉光了。

一定會發出水花潑濺的聲音，對不對？」媽媽很耐心地解釋：「那些水聲就好像天然警鈴，雪雁在睡夢中聽到了，就能即時醒來，趕快飛起來逃命了不是麼？野狼就很難得逞了。所以晚上待在沼澤裡，當然比在田裡睡覺安全多囉。」

　　小女孩點點頭，對媽媽的說明似乎十分滿意。不一會兒，又想到新的問題：「那，牠們一整年都住在這個保護區嗎？」對於雪雁，她顯然跟我一樣好奇。

Bosque del Apache National Wildlife Refuge ［ 荒 野 天 堂 ］

## 阿帕契之林
## Apache

「不，雪雁一到了春天，就會離開，飛回到遙遠的北方。現在那邊太冷了，冰天雪地沒有食物，牠們才千里迢迢飛來這裡過冬的。」媽媽耐心解釋著。轉頭發現我一直含笑盯著小女孩看，也和善地打了招呼。

「嗨，第一次來這裡？」她親切地說。

「是啊，是第一次，這裡眞是美極了⋯⋯你們也是第一次來嗎？」我邊說邊朝她們走近幾步。

「其實我來過幾次了，女兒倒是第一次來⋯⋯」

「這裡竟有那麼多鳥，眞是不可思議⋯⋯」池畔剛好有幾群沙丘鶴（Sandhill Crane）陸陸續續展開翅膀，從眼前悠悠飛掠而過。

「可不是麼？」她的目光也盯著飛翔中的優美鶴群。

「以前這裡，一直都像這個樣子嗎？」抬頭又看到另一群野鶴從上方翩然掠過。對這個地方，我愈來愈感到好奇。

「不，」她搖搖頭：「這裡改變了很多，尤其在過去二十幾年間⋯⋯」

她停頓一下，似乎在回想什麼，繼續說道：「我是在這新墨西哥州出生長大的，就住在北邊一個小鎮上。記得80年代初，我不過十來歲，每逢假日父母帶我們出去遊

沙丘鶴不像雪雁那樣群起驚飛，而是分批離開棲息池澤。

玩，總會去什麼國家公園或大城市之類的，但一定不會想要來這個『阿帕契之林野生動物保護區』。」

她笑著搖了搖頭，用帶著感情的口吻幽幽地說：「誰也沒想到，這塊不毛之地，現在竟然會變得這麼美，這麼吸引人！」

我微笑地聽著。聽得出她真誠的語氣裡，除了衷心的讚嘆，更帶著一種在地人的驕傲自豪。

「媽咪，我覺得這裡真的好像野鳥天堂哦……」

是啊，野鳥天堂，多麼貼切好聽的名字！這聰慧絕倫的小女孩不啻為這個保護區下了最美的註解。

　　　　　　　　＊　　＊　　＊

其實，這位媽媽用「不毛之地」來形容阿帕契之林這塊地區是很真

三隻雪雁姿態速度幾乎一致地，輕降於池塘群雁中。

## 阿帕契之林 Apache

切的，一點兒也不誇張。

就自然地理位置來看，保護區位於美國大西南區的奇華荒沙漠（Chihuahuan Desert）北緣，海拔近1500公尺，是內陸高原上人煙稀少的一處荒漠。從加州走10號州際高速公路往東，經亞歷桑納再到新墨西哥州，將近1400公里車程（台灣南北長三九四公里，等於來回三趟都不止）。如果馬不停蹄趕路，時速維持110公里而且一路都不休息，至少也要花12個小時以上才能開到。

此區到底有多荒涼呢？只要打開地圖，就能看到在保護區東南直線距離不到40公里的地方，有一處稱為"Trinity Site"——那是1945年美國（也是全世界）第一顆原子彈的試爆地點——由此可見，這地方在半個世紀以前是如何的「人跡罕至」了。即至今日，我們從進入新墨西哥州一直開到保護區，沿途所見也大多是一片黃沙、未開發的荒漠景象。離保護區最近的小村落，是北邊12公里外的聖安東尼（San Antonio），只有餐飲店但並無任何旅館。我們所能找到距離保護區最近的旅館，則是遠在北邊32公里外的索科洛（Socorro），人口僅約一萬八的小鎮。

我本以為，或許正因為保護區荒僻的地理位置，不易遭受開發破壞，才得以保存如此動人的自然風貌。後來一番追根究柢，才了解原來完全不是那麼回事：這片自然棲地雖地處偏僻，卻早已歷經滄桑，幾乎變得面目全非才被設為野生動物保護區。並在艱困的條件下，經過數十年漫漫歲月的挽救，才成為今日荒野伊甸園。

# 03

## ▶哽咽的河流

　　保護區面積逾兩萬三千公頃，不僅包括格蘭河（Rio Grande）約20公里長的一段河岸，並涵蓋兩側開闊的荒漠區。東邊有海拔1600公尺的小聖帕斯奎山（Little San Pasqual），西側則以兩千公尺高的楚帕德拉山（Chupadera）為界。因為這裡的河谷海拔已有1470公尺，兩邊的山僅高出幾百公尺，因此看起來並不高，像高原上的丘陵。

　　而保護區的故事，便是要從這條格蘭河說起。

　　格蘭河源自高峻的洛磯山脈，在這氣候乾燥的荒漠上，自北而南貫穿這塊內陸高原，使得此區成為荒漠中的綠洲，也孕育了豐富的河岸生態。早在七百多年前，便有埤婁族（Piro）印地安人在此區定居，採摘野果獵捕動物，擷取自然資源維生，並利用河岸較肥沃的沖積土墾殖農作。直到公元16世紀後期，因另一支阿帕契（Apache）印地安部族的侵襲，迫使埤婁族捨棄家園往南逃逸，自此不再返回。

哽咽的河流

清晨，結了一層冰的寒冷池澤，與披著薄雪的楚帕德拉山。

Bosque del Apache National Wildlife Refuge [ 荒 野 天 堂 ]

上圖：成群的鸕鶿（Cormorant）棲息水中枯枝，構成一幅自然抽象畫。
下圖：朝陽映著金色水光，沙丘鶴走在池中，還沒打算起飛去田裡覓食。

阿帕契 之林
Apache

哽咽的河流

到了17世紀，西班牙探險隊與殖民開拓者，由其所屬的墨西哥一路北上，便是沿著這條格蘭河岸建立了皇家道路（Royal Road），以通往北方的大城聖塔菲（Santa Fe）。路過的人偶爾見到在岸邊林中活動的阿帕契部族，便稱此區為「阿帕契之林」──"Bosque del Apache"在英文中即為"Woods of Apache"之意。沿襲至今，便成為這塊保護區獨特名稱的由來。

　　那時候，美國西部大部分地區仍多為未經墾化之地。位於保護區東側的格蘭河，直到百年前，仍是一條蜿蜒奔湃的河流。西班牙拓荒者稱之為「北方的狂河」（"El Rio Bravo del Norte"，英文意指"The Wild River of the North"），發源於今日科羅拉多州聖胡安山脈，沿途匯聚支流，逐漸壯大聲勢，向南流經新墨西哥州高原荒漠，最後沿美墨邊境注入墨西哥灣。

　　那時候，並無任何水壩與堤防的圍擋。每年春天融雪之際，狂河從高山源頭翻滾而下，一路嘯吼，肆意奔騰澎湃，淌濺沖刷河岸。當河水漸次消退，空中飄散著棉白楊樹（cottonwoods，又稱三葉楊）與柳木的種子，被風兒輕吹到濕潤泥土上，待機萌芽。

　　到了仲夏時節，高原大陸性氣候急驟滂沱的午後雷雨，再度漲滿河水，潤濕河岸土壤，滋養岸邊新生幼苗，直到它們的根伸達地下水位。當時河岸兩旁曾覆滿棉白楊樹與柳木原生植物，在這般自然環境孕育下，不斷地成長繁衍，形成昔日的阿帕契之「林」。

　　河水定期的氾濫，無形間幫忙沖淡了中下游沿岸土壤鹽分，也進而影響此河岸區的植被生態。棉白楊樹與柳木只能在土壤鹽分低的地方生長，多沿著河岸兩側分布；離河岸較遠、土壤鹽分較高地區，便長著矮小灌木或禾草。因此，從河岸到沙漠邊緣，這之間的河岸沖積區便依序長著高大的棉白楊、較矮的柳木、低矮灌木、與短短草地。這樣的綠洲

## 阿帕契之林 Apache

環境,特別是在這乾燥內陸高原,遂成為各式各樣野生動物的重要棲息地,也是早期印地安人數百年間賴以維生的居住條件。

然而,今日格蘭河沿岸的自然環境,卻已被人類徹底改變了。

不是被那些古早原住民,也不是被那些西班牙拓荒者,而是在20世紀,現代的大規模農作與快速都市發展所造成的。為了貯蓄水源因應人口的成長,水壩紛紛建在格蘭河上游及其支流上,1920年代一項工程浩大的灌溉計畫,更在新墨哥州最大城阿布奎基(Albuquerque)與索科洛之間,建造了數百公里的堤防與運河。

這些防範河水氾濫的種種人為控制工程,徹底改變格蘭河水文生態,也對格蘭河的自然環境產生了重大影響。河流被上游多處水庫攔截,中下游河岸濕地遂變得乾涸,原本狂奔的河水被長長的堤防圍阻,從此再也難以氾濫。因缺乏自然洪水週期性的反覆沖刷,河岸兩側土壤的鹽度也就逐漸增高。首當其衝的,便是沿岸耐鹽度低的棉白楊樹,不是被鹹死,就是因附近死去的枯木加上氣候乾燥所引起的熊熊野火,被成片燒死。

河岸不再潤濕,加上土壤變鹹,種子無處生根,棉白楊與柳木逐次枯萎凋零,漸漸自河岸消失。取而代之的,是耐鹽性極高的外來植物「檉柳」(Tamarisk,俗稱Saltcedar)。

檉柳原生於歐亞地中海一帶,在19世紀初期被引進美國,起初只是點綴性質的裝飾灌木,用來擋風或遮蔭。到了20世紀,尤其在1930年代經濟大蕭條時,這種

植物卻被大量種植於美國中西部大平原,用來抑制乾燥地區的土壤侵蝕。因其適應性和繁衍力很強,能忍受相當艱困的環境,不論是在天然的或被人為改造的溪流、河岸、濕地、運河、排水渠道等,這種植物均可求得安身立命之處。曾幾何時,檉柳已如雜草般失控蔓延,占盡原生植物的地盤。

1939年,在小羅斯福總統(Franklin D. Roosevelt)的簽署下,格蘭河中游的「阿帕契之林國家野生動物保護區」正式成立。然而此際,水文生態早已被改變,原生植物無立足之地,河岸實已變得滿目瘡痍。河流一路哽咽,荒漠中的生命之泉,永遠不再是「北方的狂河」。

有時過了午后,雪雁很早就從田裡回到池澤休息了。

Bosque del Apache National Wildlife Refuge 〔 荒野天堂 〕

阿帕契之林 Apache

## 04

▶ 荒漠裡的綠洲

　　記得第一次造訪此地，是在下午時分抵達。剛轉進保護區時，見眼前一大片水鄉澤國景象，和附近灰黃的荒山形成強烈對比，感覺似乎進入另外一個世界，才知荒漠中的綠洲原來長成這樣。

　　也不是因為綠，隆冬的落葉樹只剩枯枝，景色其實是灰黃色調。但有了那水汪汪的幾池冬水，映著清澄藍天，讓四周乾燥而悶熱的空氣跟著鮮潤起來，彷彿有了清新的流動。

　　保護區內都是未鋪柏油的土石路，感覺貼近自然，開起來也不覺得顛。若從高處俯瞰，區內土石路大致呈「日」字形，即南北兩邊各有一條「口」形的環狀道路。南區主要是濕地和淺水沼澤，園方稱之為"Marsh Loop"，常能看到各式水鳥洄游其中。北區除了淺沼澤區，還開墾了大片玉米田，遂被稱為"Farm Loop"。車行路線規畫相當周到，從南到北全程走一趟約22公里，北區比南區要大得多。因為土路不寬，兩區均規定只能逆時針

黃昏時分，人們站在池邊棧台上，欣賞潭中棲息著一大群沙丘鶴。

單向行駛，以減少車輛交會及發生事故的機率。

  為了能有充裕的拍攝時間，我們每次一待就是十餘天。從早到晚，認真尋覓鳥類和野生動物蹤跡。自清晨迷人的日出景象揭開序幕之後，直到黃昏時分，只要把眼睛睜大些，帶著探險的心情再加上一點耐心和好運氣，時時刻刻都可能發現新的驚奇。

  拍鳥是不太可能用走路的，倒非因為「大砲」長鏡頭過於沉重，而是因為，只要人一走近，鳥會立刻驚飛。牠們似乎很怕任何看起來像「人形」的東西，這就是為什麼田裡放個稻草人有嚇阻作用。因此只能開車，用車子做為天然偽裝屏障──雖然車子顏色形狀都不太自然，可

Bosque del Apache National Wildlife Refuge ［ 荒 野 天 堂 ］

## 阿帕契之林 Apache

站在路邊木欄上，撐開羽毛舒服曬太陽的大走鵑。

大走鵑有長長尾巴，身長約58公分，是新墨西哥州的州鳥。

一般而言，鳥兒看見車子並不害怕。再者，要開得很慢，如果不嫌風沙飛揚，最好把車窗打開一些，讓聲音進來，這樣才有機會「看到」或「聽到」躲藏在樹枝上或草叢裡的鳥。

一旦看到任何鳥類或野生動物，便緩緩將車停靠路邊，慢慢搖下車窗，靜靜觀察一陣。如果鳥兒或野生動物只盯著你看，並沒立刻飛走或逃走，那表示牠們覺得你沒有多大威脅，不多久，就會漸漸習慣你的存在。若牠們又開始從事「日常活動」，此時就要迅速輕巧地把長鏡頭架到車窗上，著手進行拍攝。

我本以為這是common sense，一般人都該知道的常識，其實不然。某次，我們沿著土石路慢慢開車，一路專注「尋寶」。好不容易發現草叢裡躲著一隻野兔，把車停下，正屏氣凝神把鏡頭伸出窗外，後面來了一輛車。車裡的人朝我們拍攝的方向看去，也看到兔子，居然就「得意忘形」直接開門走出來，還「少見多怪」高聲喧嘩，那隻兔子當然一溜煙就逃跑啦。那人手上還拿著傻瓜相機，結果什麼都沒拍到，只能一臉尷尬地呆立路邊。

不過離譜的情形畢竟屈指可數，尋寶經驗大多是愉快的。好幾次，我們看到體型比斑鳩稍大的大走鵑（Greater Roadrunner），因其羽色和土石路相近，稍不留意很容易就錯過了。小時看的卡通影片，有一種跑得很快的長尾鳥，會不時發出「嗶嗶——嗶嗶——！」誇張的尖銳叫聲，外型就取材於這種大走鵑。據說此鳥非常會「跑」，故得其名，時速可達每小時三十公里，甚至比某些蜥蜴還快。

但是呢，直到看過才知道，這種鳥實際的叫聲根本不是「嗶嗶——」，而是漸次低沉的「嗚～嗚～嗚～嗚～～」，跟卡通影片完全兩碼子事。

大走鵑是美國大西南區特有的鳥，也是新墨西哥州的州鳥（state

Bosque del Apache National Wildlife Refuge ［荒野天堂］

## 阿帕契之林
## Apache

美洲隼,又稱雀鷹,身長僅約27公分,是北美鷹類中體積最小的。

bird),在分類上屬於杜鵑科。而提到杜鵑鳥,常會讓人聯想到唐朝詩人李商隱的〈錦瑟〉:「莊生曉夢迷蝴蝶,望帝春心託杜鵑」。杜甫也曾寫下「杜鵑暮春至,哀哀叫其間」的淒婉詩句;王維〈送梓州李使君〉詩中,用「萬壑樹參天,千山響杜鵑」來抒發離別的心緒。還有白居易的〈琵琶行〉:「其間旦暮聞何物?杜鵑啼血猿哀鳴」更是千古傳唱。

唐詩用杜鵑來表達怨懟不滿或哀傷憤恨之意,可能因其「嗚~嗚~嗚~嗚~~」的啼聲聽起來很悲哀吧。有趣的是,我們看到的大走鵑雖也屬於杜鵑科一種,但跟唐詩哀怨啼血的意像卻有如南轅北轍。因為每次見到這種鳥,多半是大剌剌地撐開翅膀,悠哉悠哉地在路邊曬太陽。看起來就像在做日光浴,快樂享受人生。一旦察覺周遭有異狀,頂多把「頭冠」微豎起來(提高警覺或表示微慍?)怪你平白打擾牠清閒似的。有了這層實地觀察與體認,即使聽到牠們在枝頭上緩緩地嗚嗚嗚叫,怎麼聽都覺得牠們只是偷得浮生半日閒,低沉著喉嗓在練唱,一點兒也不會讓人感到任何惆悵幽怨之情。

另外一種和土石路灰黃顏色相近的鳥,則是雙領鴴(Killdeer),大小如知更鳥,身長不到大走鵑的一半。當牠看到車子接近,會一動不動地站在那兒,假裝成為土石一部分,顯然對於自己褐、棕、白相間的外裳很有信心,周遭土石的保護色定能使自己不被敵人發現。看牠站得像蠟像

似地篤定,但喉間仍不時發出kill、kill尖尖的警告聲,真的十分有趣。

最令人驚喜的,是看到紅尾鵟(Red-tailed Hawk)之類的猛禽,以王者之姿,傲氣凜然地雄踞在路邊的牌示或柵欄上,銳利的鷹眼,直直瞪著你看,根本不怕人。還有一種美洲隼(American Kestrel),是我所看過體型最袖珍、羽裳最多彩、長相也最可愛的小鷹。偶爾也會發現白頭海鵰(Bald Eagle)棲在高高的樹梢或在空中盤旋遨翔,遠遠就能看到牠那一顆雪白的頭,是最好辨認的一種猛禽。活動於開闊之地,喜歡低空飛掠覓食的灰澤鵟(Northern Harrier,又稱灰鷂Marsh Hawk),也常視若無睹從車旁呼嘯而過,飛影一閃,快得連鏡頭都來不及對準。

雖從未看過詩人孟浩然〈南歸阻雪〉詩句所描述的「積雪覆平皋,飢鷹捉寒兔」那麼生動真實的畫面,但能這麼近距離地見到這麼多種平日難得一見的猛禽,已讓人心滿意足了。

一隻紅尾鵟蹺著腳,居高臨下盯著人看,模樣十分可愛。

[ 荒野天堂 ]

阿帕契之林 Apache

## 05
### ▶人工引渠灌濕地

在沼澤區，最常見的水鳥是綠頭鴨（Mallard），此鳥在台灣也相當普遍。晚唐詩人溫筠所描繪的：「渺茫殘陽釣艇歸，綠頭江鴨眠沙草」應該就指這種鴨子了。那深綠色的頭，一望便知，在陽光映照下，會出現一種濃翠釉色的瑩亮光澤。

也常看到尾巴比別人來得尖長些的尖尾鴨（Northern Pintail），嘴巴扁平如匙杓的琵嘴鴨（Northern Shoveler），長相嬌巧的赤膀鴨（Gadwall），有著鮮豔紅喙、儀態動人的川秋沙鴨（Common Merganser），腳爪之間沒蹼卻能像鴨子一樣在水中悠游的美洲白冠雞（American

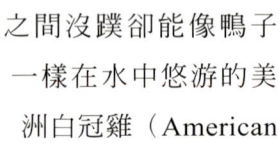

水裡有三隻尖尾鴨。右邊兩隻是公鳥，身長約66公分；母鳥約51公分。

大青鷺動作十分迅捷，頭一伸縮，就抓到一尾小魚。

Bosque del Apache National Wildlife Refuge [ 荒野天堂 ]

056 | 057　人工引渠灌濕地

Coot）。還有加拿大雁（Canada Goose），體型要比雪雁大上許多，全黑頭頸有明顯一道白下巴，喜歡三兩成群聚在水邊草地上嘎嘎聊天。

　　印象很深的一次，是保護區下了場雪，不經意瞥見沼澤邊一隻大青鷺（Great Blue Heron）正縮著脖頸，獨自一人佇立岸邊專心覓食。乍看下，牠灰青的羽裳，彷如一身蓑衣（但忘了戴笠）的漁翁。那孤獨寒愴的模樣，配上當時細雪紛飛、枯枝蕭瑟的冬景，很自然讓人想起柳宗元的名詩〈江雪〉：「千山鳥飛絕，萬徑人蹤滅。孤舟蓑笠翁，獨釣寒江雪」。不同的是，大青鷺鐵爪水上飛的輕功了得，不須乘舟也無需釣竿，捕魚功夫顯然略勝一籌。

　　在這裡，環頸雉（Ring-necked Pheasant）也看得到，褐栗色羽裳加上長長尾翼，看起來華麗而高貴；這種鳥台灣也有，可我在台灣卻從來無緣親見。也是在這兒第一次見到害羞的甘氏鵪鶉（Gambel's Quail），別看牠長得圓滾滾的，走路超快，喜歡在草叢裡鑽來鑽去，或躲在石縫後面跟我們玩捉迷藏。還有數量眾多的紅翅黑鸝（Red-winged Blackbird）和黃頭黑鸝（Yellow-headed Blackbird），均是一身黝黑衣裳，都喜歡集體成群活動，卻一眼就能辨認其差異：前者肩翅上有個如銅幣大的醒目紅圈，後

◀◀三隻公的川秋沙鴨，頭深綠，有細長的紅嘴喙，白羽裳，身長約64公分。
◀走在結冰水面的美洲白冠雞，腳爪趾間沒蹼，身長約39公分。

有一道白下巴的加拿大雁喜歡群聚，廣泛分布於北美洲，身長從76至122公分不等。

寒天中，岸邊的大青鷺，灰青羽裳彷如一身蓑衣的漁翁。

Bosque del Apache National Wildlife Refuge ［荒野天堂］

玉米田中的紅翅黑鸝,集體密聚飛行時,像一朵會變幻的烏雲。

者頭頸及胸顏色十分鮮黃,絢麗如盛放的向日葵。

其他靈巧嬌小的鳥雀兒,最常見的是在草地上飛跳覓食、有著鮮黃胸羽的草地鷚（Western Meadowlark）,在枝頭間鳴聲啾啾、清脆悅耳的歌雀（Song Sparrow）,直攀著樹幹忙上忙下、不停兜兜兜敲的金翼啄木鳥（Northern Flicker,又稱撲動鴷）,還有常待在開闊地上、兩腳不停翻踢泥土找食物的棕鵐（Brown Towhee）與

▲甘氏鵪鶉公鳥，分布於美國西南荒漠，個性害羞，身長約25公分。

◀黃頭黑鸝聚在樹梢上，如枝頭開著鮮麗黃花似的。

褐腹鵐（Rufous-sided Towhee）。

除了沼澤地，我們特別偏愛的拍攝地點，是北區一望無際的玉米田。這裡有充足的食物，大白天一定能拍到很多鳥在此覓食。尤其是野雁和沙丘鶴，數量多到數不清，牠們在日出時分離開沼澤地之後，便紛紛朝北飛。好幾次，我們在土石路往北開，會發現一群又一群沙丘鶴就在斜斜的上方飛翔，纖長的身影與我們一路「並駕齊驅」平行前進，神采奕奕揮著羽翼，不時咕嚕嚕地發出嘹亮鶴鳴，好像在向世界宣告：

Bosque del Apache National Wildlife Refuge ［荒野天堂］

喜在空曠草地覓食的草地鷚，有著鮮黃胸羽，身長約24公分。

躲藏在樹枝間的褐腹鵐，身長約22公分。

在地上覓食的棕鶇，幾乎和環境混為一體，身長約22公分。

金翼啄木鳥（Northern Flicker）身長約32公分，胸腹斑點是此鳥特色，圖為未成年鳥。

「我們要去田裡囉，那裡找得到東西吃喔～」

最常見的哺乳動物是個性內向的黑尾鹿（Mule Deer），一見到人，常轉身就跑。區內也有野兔、松鼠、青蛙，以及其他較不易被發現的動物如蜥蜴、有毒的響尾蛇、與晝伏夜出的蝙蝠等。

特別值得一書的，是愛吃雪雁的郊狼（coyote）。有一回，我們遠遠看到三隻郊狼在

人工引渠灌濕地

▲ 田裡有各種鳥類，最顯眼的是白色雪雁和灰色沙丘鶴，較遠處空中一團黑影則是黑鸝。

▶ 個性害羞的黑尾鹿，是保護區常見的野生動物。

Bosque del Apache National Wildlife Refuge ［ 荒 野 天 堂 ］

## 阿帕契之林 Apache

玉米田裡蟄伏潛進,光天化日之下,躡手躡腳地試圖偷襲雪雁。難就難在於,群聚的雪雁警覺性極高,會把守望相助的精神發揮得淋漓盡致,只要有一雁發現情況不對,立刻大聲警告。只見郊狼的距離還差老遠一大截,就被發現了敵蹤。瞬間,無數驚嚇的雪雁同時振翅而起,倏乎衝上天空,在眼前再度鋪成一片鳥牆,白羽紛飛猶如被風吹起的雪花,在空中美麗迴旋著。

「數大就是美」,真的。生動的情景那樣令人心悸,彷彿昨日歷歷在目。那麼多數不清的雪雁,連身手矯捷的郊狼合力起來都沒能抓到半隻,終究撲了個空,更令人印象深刻。

原本面臨荒廢的枯竭河岸,卻變成這樣一個充滿生命的荒野世界。待得愈久,愈讓人覺得這塊保護區的不可思議。

「究竟是怎麼做到的?」愈是看得深入,心中的問號也愈來愈多,愈想一探究竟。

\* \* \*

某天,拍鳥告一段落,刻意利用午休時間到保護區遊客中心,看能不能找到答案。

見屋內牆上介紹著阿帕契之林的地質地形、過去人文歷史、與候鳥遷移路線圖;角落櫥窗內,陳列著逼真的沙丘鶴與雪雁等鳥類標本。屋內角落有一區小書店,書架上

保護區濕地重整計畫,分段分區實行。圖為17B重整區的牌示。

擺滿各種動植物的相關書籍。然後我發現有一面牆上的說明看板，主題是「阿帕契之林河岸生態特色與保護區的運作」。咦，這不就是自己想知道的麼？忍不住湊上前去看個仔細。

原來，保護區中央狹長的沖積河岸與濕地約占5200公頃，猶不及全部面積的四分之一，卻是保護區的運作心臟。格蘭河是保護區的血脈，整個保護區的經營管理，都得靠格蘭河的水來運轉，全年運作管理過程也十分繁雜。

春天3月，當冬候鳥紛紛離去，那些由人工灌溉而成的沼澤區，池水都會被排乾，一方面預防水鳥疾病散播，一方面讓濕地植物生長。此時，農人也開始忙著犁土播種，原本注入沼澤的河水，會被改引至田裡來灌溉作物。保護區專業人員對農作的灌溉用水則需小心控制，太多或太少都可能影響全年的收成。

溝渠依不同季節需要，加以引水或排乾，排乾後並需疏通清整。

▲綿延的溝渠之間，每一分段便設有控制水量的堤閘。

◀沼澤區的水閘旁，插有量尺用以監測濕地和沼澤的水位。

人工引渠灌濕地

到了夏天，乾涸的濕地會被燒清或翻犁，滋養地力，然後再將河水引進，讓沼澤植物再生，很多天然食物如稷、粟、蘆葦、菅茅等都是這樣長成的。保護區五十多公里的人工溝渠，也需定時清理以保持暢通。

　　約至10月中旬，當玉米成熟，不需再灌溉農田時，便將河水全部導入濕地，形成大片沼澤。沼澤水位高低，則由專業人員定期監測維持。因為在這乾燥地區，水資源尤其珍貴，因此各季節間的用水，都得善加經營。

　　至此我才恍然，保護區一年四季要做的事，竟有這麼多，難怪在土石路沿途處處可見綿延溝渠和控制水量的堤閘。原來這一大片河岸濕地與沼澤，都是從格蘭河開渠引水，順應季節需要，用人工灌造出來的！

一隻紅尾鵟像衛兵似的，站在路邊「此區關閉，不准進入」的警示牌上。

Bosque del Apache National Wildlife Refuge ［荒野天堂］

阿帕契 之林
Apache

## 06

▶ 與農民合作，為鳥種玉米

說明看板仍無法完全解答我的疑惑，看到櫃臺上擺著一些資料，便走過去翻閱。

「需要幫忙嗎？」櫃台一位頭髮灰白的女士，結完帳轉過頭來看我，大概五十多歲年紀，態度很和藹親切。

「我可以問一些問題嗎？」櫃臺的資料沒有我要找的答案，只好用問的了。

「當然可以囉，請說…」

「那些阿帕契印地安人，還住在這裡嗎？」

「不，他們早遷走了，我想是到亞歷桑納州去了。」她搖搖頭說。

「那麼，以前印地安人的土房，現在都還留著嗎？」

「保護區確實有遺址，但在河的對岸，沒法過去的，而且那一區目前也不對外開放。」她的語

一群沙丘鶴，一齊走向茫茫玉米田。

氣有些歉然。

「是嗎，不能過去？」我覺得有點兒失望。繼而想到，之前就聽聞玉米是園方專為沙丘鶴種植的冬糧，這在美國其他保護區是相當罕見的。便換個話題問：「那麼，北邊那一片玉米田，聽說是附近農人幫忙種的……請問他們是自願的，還是被保護區雇用的呢？」

「不，都不是，」她解釋道：「這是一種交換性質的合作。保護區約有500公頃是農作區，其中1/4種玉米，3/4種紫花苜蓿；我們提供土地與灌溉用水，農人則提供種子、機器和勞力。到收成時，苜蓿全歸農人所有，酬謝他們成功種植玉米。玉米則不收割，留下來做為冬候鳥的食物。」

紛紛降落玉米田中的雪雁，構成一片荒山白羽飄飄落的景象。

三隻郊狼走在覆雪農地上,遠處是沙丘鶴與玉米田。

「紫花苜蓿(alfalfa)是?」這名詞好陌生。

「苜蓿是一種牧草,農人收割後可以拿去賣錢。苜蓿和玉米輪種,可滋養農地,不致讓地力耗竭。」

我又問些引渠灌溉的事,她也熱心說明。每年秋冬之際,約有五萬隻以上的候鳥飛來,保護區會權衡本身的容納能力,依照預估的數量,為候鳥準備棲息沼澤與足夠的過冬食物。

Bosque del Apache National Wildlife Refuge ［荒野天堂］

後來因緣際會，在近年有機會請教了保護區的農營專家魯楊先生（Bernard Lujan），得以有更深一層的了解。魯楊先生解釋道，保護區現階段農耕地分為南北兩區，北

一群雪雁飛過棉白楊樹林，底下玉米田也全都是雪雁。

區農田約420公頃，歷年來都由當地農人幫忙種植農作。南區農地原是塊舊河床地，經過重整，自2006年才開始啓用，由保護區農技人員負責耕種。

Bosque del Apache National Wildlife Refuge [ 荒野天堂 ]

## 阿帕契之林 Apache

「南區農地面積目前約30公頃，去年一半種小麥，一半種玉米，我們光買小麥種子就花了一萬三千美元。玉米種子要便宜多了，約花了一千美元。另外還得再加上肥料的錢……」他說。

「啊，小麥也拿來餵冬候鳥嗎？」我心想，小麥種子既然那麼貴，為何不種玉米就好呢？

「不是的，因為該區土質表層富含淤泥黏土的成分，底下則是沙土，原本是外來植物檉柳到處雜生、缺乏養分的無用之地。我們種小麥的目的，是它有助於回復土壤的有機成分。」

魯楊先生繼續說明：「候鳥吃小麥，等牠們北返離去，我們把小麥莖梗耙碎變成土壤肥料，就能逐漸回復生產力，所以頭幾年勢必要付出昂貴的成本。今年我們打算種植苕子（hairy vetch），比小麥更能提供玉米田土壤所需的氮元素。」原來是為地利長久之計，對於農業知識有限的我，無意間上了寶貴的一課。

但農耕需要用水，此區又這麼乾燥，每年要種四百多公頃的農地，水資源會不會成為地方爭議呢？

「會的，在這乾燥高原，有限的水資源尤其珍貴，也是最容易引發爭議的課題，所以要步步為營。我們專業人員會定期監測沼澤水位，無論灌溉農田或沼澤，各季節間的用水都會加以回收利用，最後都會再流回格蘭河。」

魯楊先生強調，如果缺水，是整個大區域的問題。而第一順位的「用水

與農民合作，為鳥種玉米

權」,是格蘭河流域的原住民部落,保護區則有「第二順位用水權」(此權利可溯自1940年保護區剛成立時),然後才輪到農民和居民。但真遇到缺水時,園方也不願輕易啓動用水權,因為那等於和居民爭水,將影響格蘭河中下游沿岸近百公里長的整個社區的用水。因此善加經營格蘭河的水十分重要,大家互相體諒多替對方設想,就不容易引發爭議了。

原來「用水權」的優先順序是這麼排的,講白了就是「先來的優先」("first come first served")。原住民第一,保護區第二,農民和居民第三。我不禁想著,如果在台灣,順位是否有可能這般排法,以原住民權益為最先考量?

透過魯楊先生的引介,我和農民菲利克斯聯繫上,是位誠懇而靦腆的人。我想向他請教當初為何會想和保護區合作,才知原來是他父親在十幾年前就開始兼差這份農事,後來因父親年歲大了決定退休,便由他接手繼續幫忙。

其實我蠻想知道的是,農民究竟能從保護區獲益多少呢?因為這等於是保護區對於地方的一種回饋。但美國人對收入比較敏感,提這種關於錢的問題其實是不太禮貌的。我便謹慎地拐了個彎問:「做了這麼多年,應該多少有些經濟上的獲益,才能持續合作這麼久吧?」

很意外地,菲利克斯似乎聽出了言下之意,倒很坦白告知:「苜蓿一年約可收割五次。賺不賺錢要看種植過程順不順利,當年苜蓿有沒有過剩,市場行情好不好,同行競爭激不激烈等。一般來說,如果扣除實質成本如種子和農耕器械等,也不計算

Bosque del Apache National Wildlife Refuge [ 荒野天堂 ]

## 阿帕契之林 Apache

勞力報酬的話，售賣保護區的苜蓿秣草一年的收入可從零元到十萬美元。」

「WOW，最多可到十萬美元？！」這數字比我想像的多很多。

「不過，這兩三年物價成本上漲，農產價格卻沒變多少，獲利就相對少了很多。尤其去年夏天多暴雨，起碼有一半的苜宿受雨災影響生長情形差，後來那些秣草只好賤價賣出，損失至少50%以上……」

菲利克斯父子一生務農，擁有自己的農地，保護區這邊只是兼差幫忙，因此便能承擔一些無法預期的風險。像這樣為候鳥種玉米又能賣秣草賺外快，利人利鳥又利己，也難怪過去二十餘年能一直持續合作。

看到保護區因上游水壩堤防工程改變了原有水文生態，而不得不引渠灌造濕地，甚至種玉米為候鳥準備冬糧的壯舉，讓我不得不聯想到，在現今上游山林被開發破壞，而中下游環境也跟著遭受人為污染的台灣，我們除了把主要棲地「圈劃」起來之外，是不是有可能做得更多呢？譬如黑面琵鷺，我們是否有可能用這種讓農民和保護區「互惠」、「雙贏」的積極做法，以合乎生態的具體措施為牠們準備更多的冬糧、更舒適的過冬環境呢？

# 07

### ▶ 義工的默默貢獻

　　那位白髮女士實在很和善，我才問過她一次問題，第二次她就認出我來（可能是這裡東方臉孔並不常見的關係），看到我在遊客中心就主動打招呼，閒聊下得知她的名叫喬琪亞。

　　「不知這麼多候鳥加起來，一年大概要吃掉多少食物

落日時分，池澤已白茫茫一片，密密鋪滿了雪雁。

Bosque del Apache National Wildlife Refuge ［荒野天堂］

阿帕契之林 Apache

阿帕契 之林
Apache

保護區為冬候鳥準備食物，每天都有專人到田裡割玉米。

後面裝有割桿的曳引機，正在田裡割玉米，很多沙丘鶴已在旁等待。

076 | 077　義工的默默貢獻

呢？」我突然想到這問題，就隨口問問，並不期望喬琪亞真能回答。因為過於細節，她應該不會知道的。

「喔，平均而言，一隻沙丘鶴一天吃340公克玉米，整個冬天約消耗50公斤，一隻雪雁則約25公斤，加起來，保護區每年需供應兩千公噸玉米。」沒想到她竟如數家珍地回答。

「兩千公噸玉米？真是驚人！」與其說是對這麼多食物感到訝異，不如說是對她的應對如流感到驚嘆。「你們無限制供應冬候鳥食物嗎？」

「不，不是無限制供應，尤其對雪雁，因為太多雪雁聚集容易引發傳染病而危及其他鳥類。因此當雪雁數量過多時，我們會減少食物，鼓勵牠們遷往別處棲息。」她接著補充：「其實保護區成立時，最初宗旨是保護已瀕臨絕種的沙丘鶴，即至今日，沙丘鶴仍被優先考量……」

「可是，那麼多的沙丘鶴跟雪雁，怎麼可能分開餵食呢？」

「嗯，問的好。那些沒被砍下的高高玉米田，鳥是不會進去吃的，因為會有危險，像郊狼就可能藏在裡面。我們每天都有人負責開刈草機去割玉米，玉米梗穗會割得高低不同。」喬琪亞一邊用手比劃一邊說：「雪雁矮小，只會到低矮的玉米田覓食，沙丘鶴長得高，所以無論高的低的都能吃，我們用這最自然簡易的方法來控制食物供應量。」

「喔，原來如此……」果然是很聰明的做法，「你們每天都去割？」

「是的，每天都去割，由保護區的生物學家泰勒（John P. Taylor）決定每天要割多少玉米，他在這邊已待了十幾年，很有經驗的。」

居然懂這麼多，猜喬琪亞一定在保護區待了很長時間。「請問妳在這邊工作多久了呢？一定好幾年了吧？」我忍不住問道。

「不，我只是個義工，這是第一年，我才來不到三個月。」她輕鬆

阿帕契之林保護區的駐留義工置放旅行車的安家之處。

地回答，卻讓我感到更詫異了：「可是，妳對這地方懂得這麼多？！」

「也沒什麼，」她謙虛地笑道：「剛來報到時，區內專業人員會為我們舉辦為期兩週的訓練課程，不時到田野實地踏察，而且每天住在這兒，自然而然也就熟悉這裡的一切了。」

是喔，就住在這兒？「保護區也供你們吃住？」我忍不住問。

「不，我們自己有一輛旅行拖車，就搭在後面那一區，吃住自理。保護區則提供地方讓我們停放拖車，並免

費供應電力、自來水、瓦斯等。」

喬琪亞還告訴我，義工每四個月一期替換著做，她是從10月做到2月，每週服務四天，從早上七點到下午四點半。被分派幫忙的事，包括在櫃台提供資訊解說、收費結帳、或接電話等一些行政工作，有人得幫忙清理廁所，或到田裡幫忙收割玉米。三天休息時間，她就去賞鳥，「我愛看鳥，反正我已退休了，有的是時間。」她露出怡然自得的神情。

「那麼，這裡共有幾位義工，幾位職員呢？」我又問。

「嗯，目前保護區有25位正式職員，每一季有20到25位駐留義工，看季節的需要，另外還會招募臨時義工……」

如果需要這麼多義工，為什麼不再正式多雇幾個人呢？「容我再問一個問題，這保護區在運作上……財務會很拮据嗎？保護區隸屬內政部管轄，經費也是由聯邦政府撥款補助，不是嗎？」

對這問題，喬琪亞倒是遲疑了一下：「經費的事我並不太清楚哩……蘿拉當了六年義工，或許知道……」她問身旁的蘿拉，蘿拉聽了便打趣說：「關於錢的事，好比一塊餅大家都要搶，誰在中央有辦法，就能分得多，這些屬於『政治議題』，最好別去管它。」原來保護區預算多寡也需透過管道向中央爭取，經費不足，編制便無法擴張，只好自求多福，多靠義工幫忙了。

隔天喬琪亞休假。櫃臺一位男士穿著棕色制服，臂袖縫著「美國漁業與野生動物署」（"U.S. Fish & Wildlife Service"）徽章，胸前掛著「丹尼爾」（Daniel）名牌，顯然是正式職員。

「有什麼事？」他和氣地問。

「嗯，能不能告訴我，目前共有多少候鳥在這保護區呢？」我特別想知道沙丘鶴和雪雁的數量，到底有多少。

數不清的綠頭鴨飛在玉米田上空，底下是雪雁和沙丘鶴。

「沒問題，」丹尼爾從桌下拿出一張表格說：「這張給妳留做參考…」

「謝謝。」我高興地接過來，低頭仔細一看：雪雁18,700隻，沙丘鶴10,200隻，綠頭鴨13,734隻，尖尾鴨3,462隻……最近一週在保護區內出現的各種鳥類統計數字，均清楚記錄在表格上，一目了然。

「怎麼可能？！」我瞪大眼睛，不禁脫口而出：「那麼多鳥聚在一起，還能數得這麼清楚，算到個位數？！」

　　「Well，這裡鳥類統計是由保護區的生物學家約翰‧泰勒負責的，有一兩個技工會幫他……」

　　丹尼爾看我一副很不相信的表情，繼續說：「數鳥是有專門方法的，可用一種類似棋盤（checker board）的方格去比，依照鳥的大小和群聚的密度比例來推算。譬如一格若容納一百隻，再算共有幾格，兩者相乘，便可得出一個最接近的整數，再加上零星的，就會有個位數產生。」

　　「可是如何判斷推估的數量是正確的呢？」我還是覺得十分匪夷所思。

　　「喔，我們會拿統計結果與航照圖片互相對照，雖然不是百分之百的精確，卻也八九不離十。」

　　像這樣，對區內鳥類品種和數目都瞭若指掌，連玉米田的產量和每天食物分量都算得清清楚楚，難怪他們知道該如何來經營這塊保護區！

　　與丹尼爾聊起，才知喬琪亞專責田野解說工作，有學校老師帶學生來參觀，她就充當「自然生態導遊」，不需帶隊時她就在遊客中心櫃臺幫忙。而丹尼爾過去也曾當了四年義工，才轉為正式職員。

　　另一位老義工柏德風塵僕僕從外頭走進來，說他剛在田裡割完玉米。「農民不幫你們割嗎？」「不，冬天的事得我們自己來。」

　　在有限的經費預算下，保護區能做到這般程度，真的不簡單，而義工的貢獻著實扮演重要角色。他們幫忙肩負解說責任和瑣碎的例行工作，教育民眾了解保護區的特別之處，也讓專業人員能致力於田野研究。這些默默付出心力、不計報酬又親切熱忱的義工，令人由衷感到可親與可敬。

阿帕契之林
Apache

## 08

### ▶災後重生，還她自然風貌

　　第一次和保護區的生物學家泰勒先生聯繫上，是2001年，整整八年前了。

　　那年泰勒先生在美國漁業與野生動物署已有23年的資深服務資歷，並在阿帕契之林工作達15年之久。從他所提供的第一手研究報告，我才發覺對保護區重建的認識僅冰山一角，實際情形，遠比想像得要複雜而困難。

　　因水壩堤防工程顯著改變了格蘭河水文環境，致河流枯竭，原生植物凋敝，外來植物檉柳又趁虛侵入，使原本植被豐富的河岸生態變成檉柳獨霸的局面。此單一外來物種對當地野生動物，不但利用價值很低，而且已顯著干擾了北美原生植物族群的結構和穩定性，致使野生動物的原有棲地退化或降級。

　　更糟的是，檉柳繁衍能力很強，因為它不太怕火，加上主根很長，能霸占土壤中的濕氣水分，奪取有限的水資源，這在荒漠上是很要命的議題。而且為提高自己的生存競爭力，檉柳還有很厲害的一招，使土壤鹽化──就是

從深層地下水汲取鹽分，累積在葉表，進而將葉表鹽分漸漸積存到表土中，讓土壤鹽分更集中，形成不利的生長條件，以減少其他植物的競爭能力。

可以想見，檉柳長年累月毫無節制地蔓延，侵占棉白楊與柳木等原生植物的生存空間，也大量耗費此區珍貴的水源。而原生植物死去，所留下的無用枯木，更會增加乾燥地區的面積和發生火災的風險。

河岸生態重整工作第一步，便是剷除遍地的檉柳，這也是保護區所面對的最棘手問題。從1940年代起，保護區便嘗試各種辦法對付這繁衍力強的植物，包括用推土機、曳引機等將之連根挖起，或用化學除草劑控制，但礙於人力、方法、與財力，檉柳總是除之不盡，春風吹又生，始終無法有效地根除。

原來河岸重整計畫的加速進行，不過是最近二三十年的事。1986年4月中旬，阿帕契之林發生一場有史以來最大的野火，整整狂燒了五天，焚燬了735公頃河岸棲地與180公頃的棉白楊與柳木原生林。然而，拜這場大火之賜，保護區得以獲得內政部34萬美元補助款，開始進行一項實驗性的五年重建計畫。

「諾頓（Phil Norton）是當時保護區主管，我們兩個都在1986那年到阿帕契之林任職，」泰勒先生說：「費爾是位很有說服力、具外交手腕的主管，他負責對外尋求支持與財源補助——包括政府、企業界、與民間團體；我則專責保護區的田野研究工作，嘗試各種河岸重整方案。」

經分區進行不同的試驗，泰勒先生發現徹底消滅檉柳最有效的方法，是用推土機剷除地上的植生，先將枝幹堆成一落一落整個燒掉，再用犁土機翻剷地下殘留的根。犁耙長達1.2公尺，剷出的根也成堆燒掉，

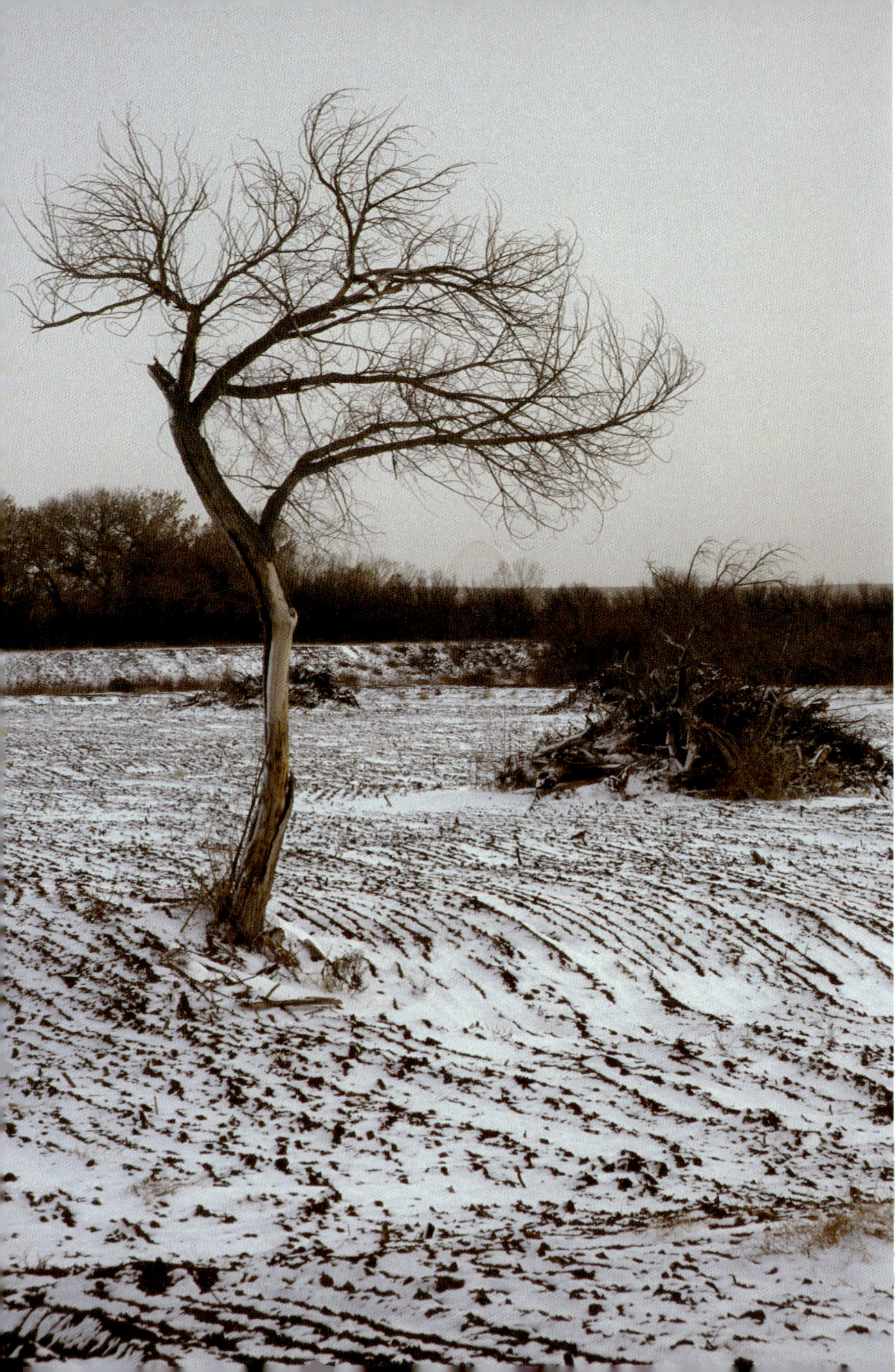

重整後的河岸,高大娉婷的棉白楊樹與底下細矮的原生柳木。

避免重新發芽。

「在這乾燥荒漠區,枯木不能說燒就燒,以免一發不可收拾。氣象預報的相對濕度、風速與風向,都是決定火燒日期的關鍵因素,」他補充道:「要放火燒之前,我們會鼓勵附近居民前來取用枯木,免費拿回家當柴燒。」此舉不啻另一種嘉惠居民的方式。

經過清除犁整的土地,需盡快種回原生植物,不然檉柳又會伺機重生。棉白楊樹與柳木幼株,是從附近苗圃取得。各試驗區的土壤鹽度與地下水位等生長條件,均須加以測量,並繪製成圖。有了這些基本資料,才能開出各區植物該如何種植的「處方」。

一塊犁平的生態重整區,僅剩一株棉白楊樹,檉柳均被剷除,成枯木堆(位於圖右),免費讓讓居民拿回家當柴燒。

「你們用GIS地理資訊系統幫忙繪圖

Bosque del Apache National Wildlife Refuge [ 荒 野 天 堂 ]

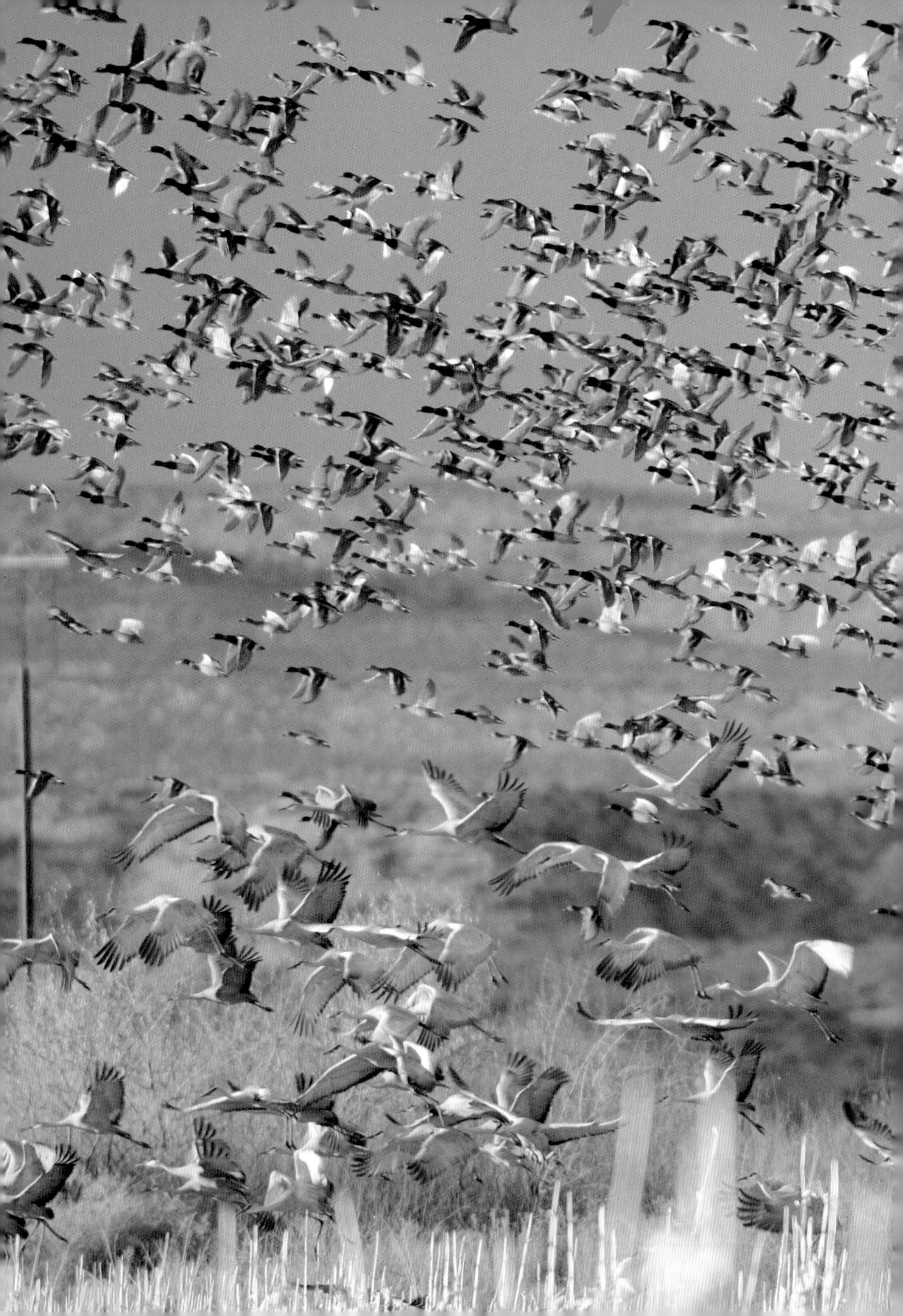

蠻難得看到這麼多的綠頭鴨同時飛起，底下是沙丘鶴。

保護區的人工渠道,也是各種水鴨水鳥覓食之處。

嗎?」我想到若用電腦來做這些事,會更省時省力。

「近年才開始使用,可是十幾年前根本沒有這項技術和設備,我們只能完全靠手繪,」泰勒先生坦白說:「可以想見建立這些基本資料有多麼花時間……」

一旦完成種植「處方」,預種樹苗的坑洞需先挖鬆三至四公尺,深至地下水位,助幼株往下紮根。從1987至91年,一塊159公頃的河岸試驗區先後進行重整,不但成功剷

除檉柳,並種下一萬五千多株棉白楊樹與柳木樹苗,以及四千株灌木幼苗。

四年後,到了1995年調查統計發現,棉白楊樹存活率約七成,柳木高於八成,灌木則介於三成至六五成之間。試驗區每公頃的整建花費,估計從750至1300美元不等。

為了讓原生植物能順利生存繁衍,保護區並模仿格蘭河的季節性漲退,配合春天融雪與仲夏雷雨季節,引灌河水,定期舉行人工氾濫,沖刷河岸以沖淡土壤鹽分。不同季節間濕地與沼澤區水況,也需定時監測,期能藉由植物的自然播種,回復阿帕契之林多元植物群的原始風貌。

真不可思議,原來保護區的重建工作比想像要複雜得多。「那麼,保護區的灌溉系統,也是十幾年前才建造的嗎?」我想到了區內連綿的人工渠道。

「不,那些引水溝渠,是在1940至50年間就陸續開闢。後來因為經費短缺而未能妥善利用。直到1980年代才加以復原運作,並加建不少渠道和水量控制堤閘。」泰勒先生答道。

「那麼以目前重整的速度約略估計,大概還要多久才能完成全部重建工作呢?」我又問。

「從1987年至2001年,我們已重整了400公頃河岸,另外還清除了600公頃檉柳,正準備種回原生植物。大概還剩下一千多公頃檉柳區需要整建,依照目前進度,至少還要15年時間才能完成……」

「至少還要15年?!」屈指一算,若從2001年算起,也就是要到2016年才能完成。若從1987年算起,此河岸重建工程前後加起來則將近30年。多麼漫長的時間啊!

「那時候,您還會待在這個保護區嗎?」

Bosque del Apache National Wildlife Refuge ［荒野天堂］

## 阿帕契之林 Apache

「其實我選擇在這裡工作，因為我是土生土長的新墨西哥州人，」他說：「目前保護區有很多研究正在進行，如果沒什麼變數，我想我仍會繼續待上好一陣子。」我能了解泰勒先生這般愛鄉情切的心情，更為他十年如一日認真執著的精神，打從心底景仰佩服。

重整後的河岸區，不但濕地生產力顯著提升，鳥類的品種和數量也明顯增多了。翻閱相關的文獻資料，才知前主管諾頓先生在長達13年半的任期內，真的做了很多事情。譬如保護區遊客中心、觀景台、健行步道等，均由他著手改善完成，與農人合作是由他開啟先例，義工制度也在他經營下臻於完備。

在加強社區參與方面，諾頓先生在1987年11月中旬大批冬候鳥歸來之際，首度策畫舉辦了「迎鶴節」（Festival of the Cranes），至今已成為全美重要的賞鳥活動——此節日類似台南七股為迎接每年回來過冬的黑面琵鷺，在12月舉辦的「黑皮盃路跑賽」，只不過阿帕契之林主要是為了迎接沙丘鶴的歸來。

諾頓先生結合附近市鎮商會與社區力量，吸引了無數民眾前來認識這塊保護區，一方面提供教育機會，加強民眾保育意識，讓大家更了解該區珍禽與自

費爾‧諾頓觀察屏，完成於2000年，長30公尺高2.4公尺，有16個小圓窗。

費爾‧諾頓觀察屏（Phil Norton Observation Blind）是新墨西哥州的奧杜邦賞鳥學會為紀念前主管諾頓先生對保護區的貢獻，捐贈五千美元興建而成。

然景觀，一方面統合民間保育，集結各界的資源與實質支持。不但打響「阿帕契之林」名號，也帶動該區生態旅遊的觀光契機。

多想認識一下這麼具有傳奇色彩的人物啊。可惜諾頓先生已於1999年底調職他州，無緣相見。而泰勒先生也在2004年9月因心臟病過世，再也無法等到阿帕契之林河岸重整完成的那一天了。

至此我終於明白，眼前的一景一物，是格蘭河的滋潤造化，也是無數人長年不計代價默默投注心力，甚至奉獻畢生心血，一點一滴灌漑而成。

Bosque del Apache National Wildlife Refuge ［荒野天堂］

阿帕契之林
Apache

## 09

### ▶如何估算「無價」的價值？

　　野生動物保護區在很多層面，有形無形地，豐實人們的生活，也薰陶人類的性靈。

　　然而親觸大自然的益處，有些容易估算，有些卻無法用金錢來衡量。那樣綺麗的池畔日出，價值多少？無數雪雁驚飛，那令人心悸的一刻，又值多少？我們能否用一般幣值來衡量，將人們體認大自然那種種令人驚嘆的鉅作所受的經驗啟蒙、身心的洗滌與性靈的昇華，訂個價碼？而為了存續瀕臨絕種的動植物，並為後世子孫福祉而予以貫徹保護的自然棲地，這樣的生態保護區到底又價值多少？

　　近年風行的生態旅遊（ecotourism），是從保育野生動植物及棲地的過程中，汲取適當經濟利益，以兼顧自然環境與經濟發展的折衷方法。按聯合國的定義，生態旅遊需涵蓋三項要素：一是保存生物多樣性，二是促進永續經營使用，三是與當地居民利益共享。阿帕契之林在過去數十年來保育成果豐碩，與當地居民合作又有附近市鎮的支持，無疑是符合這三項標準的典範。

看到許多人和我們一樣，千里迢迢專程到偏遠的阿帕契之林賞鳥，我不禁思忖，如果不考慮「形而上」那一層，就具體貨幣來算，這個保護區到底能為當地帶來多少實質經濟利益？遊客來此休憩遊樂，所連帶產生的食衣住行種種消費活動，對於地方經濟產生的影響到底有多大呢？

　　就這問題，我請教現任遊客中心主管瑪姬・歐康乃爾女士（Maggie O'Connell）。原本只希望能得到個粗略的統計數字，有個大概印象就好，因為我總認為自然界有很多東西根本無法用錢來衡量，譬如所謂的「人類經驗」，譬如保護區有利於整體社會福祉的所謂「存在價值」。

　　不料瑪姬竟能提供相當精確的數值：「我們保護區在一年內對於地方郡縣產生的經濟影響，估計達兩千萬美元。」她說。

　　這倒讓我蠻吃驚的。一年達兩千萬美元？究竟是如何計算出來的呢？

　　瑪姬很熱心地給我一份四百多頁的研究報告，是美國內政部漁業與野生動物署的高迪爾（James Caudill）和韓德森（Erin Henderson）兩位經濟學博士，在2005年9月共同發表的，題目正是「國家野生動植物保護區對當地社區帶來的經濟利益」。此研究以美國93個保護區為樣本，針對2004年各保護區的遊客總數加以統計分析，用美元幣值來「具體量化」生態旅遊為地方帶來的經濟效益與影響。

　　那麼到底要如何評估保護區生態旅遊所帶來的經濟效益呢？有個辦法，我們可以這麼問：「如果沒有這個保護區，這地區的經濟將會是何種光景？當地居民的生活又將變得如何？」

　　阿帕契之林即是研究樣本之一。遊客來到保護區從事休憩活動，會產生一定的經濟行為，譬如需

沙丘鶴雙翼展開達1.9公尺，風度翩翩，優雅迷人。

Bosque del Apache National Wildlife Refuge ［荒野天堂］

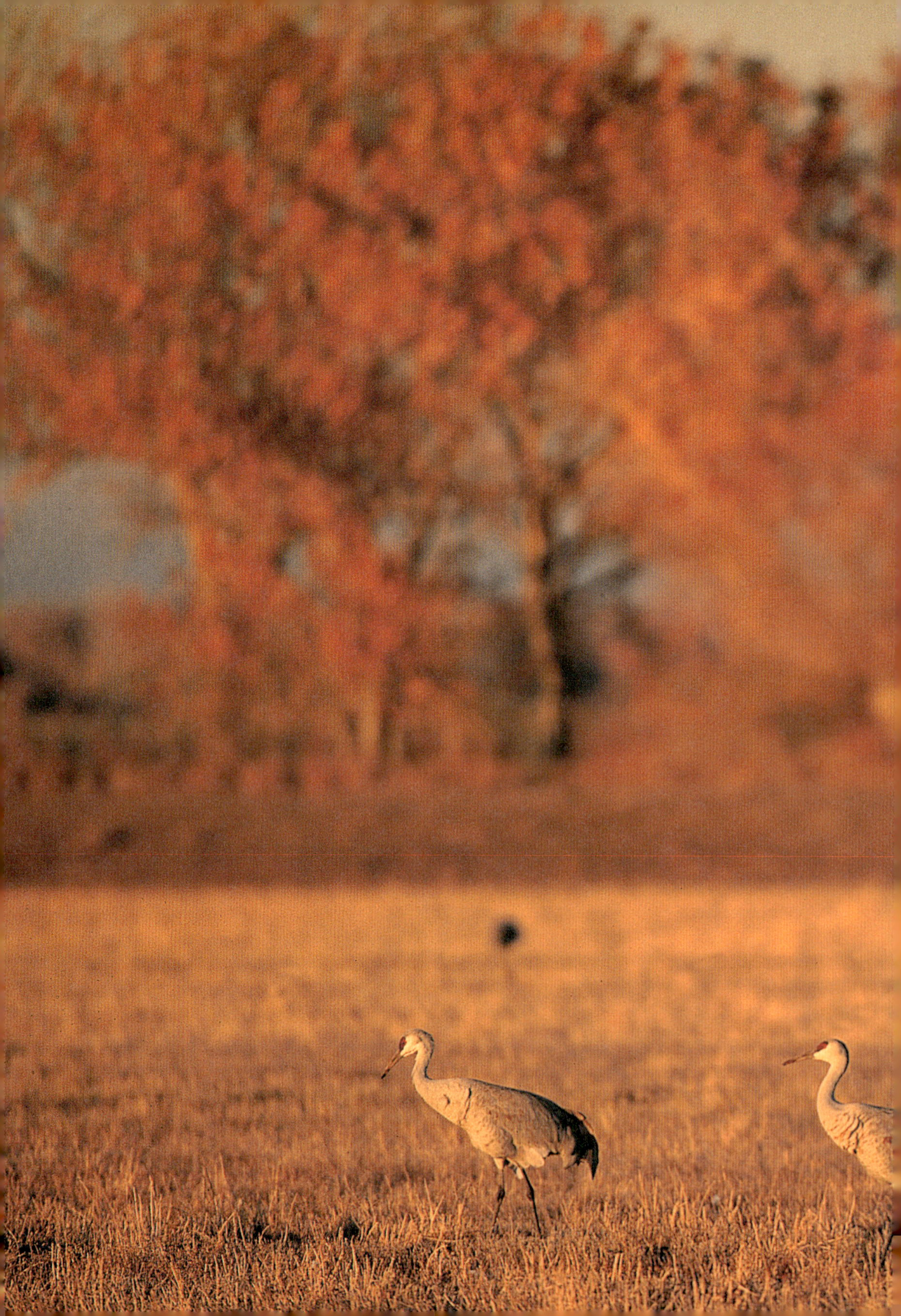

夕陽抹紅了田野中的沙丘鶴群，與遠處成排的棉白楊樹林。

阿帕契之林 Apache

遊客在公園木製棧道上，欣賞沼澤濕地景色。

　　支付門票、餐飲、交通、旅館住宿，以及在當地購買所需物品等。受此保護區「直接影響」的經濟區域被劃定為索科洛、喜耶拉（Sierra）、伯納里羅（Bernalillo）三個郡縣，意指保護區的遊客消費主要發生在這些郡縣內，這些消費行為所產生的經濟活動還會帶動整體地方經濟。

　　該項研究除了將該經濟區域在1993至2003這十年間的平均人口成長率、就業率、個人所得等因素納入統計分析，和全美國平均趨勢互做比較之外，並將「居民」和「非居民」的花費加以區隔，藉此突顯「非居民」遊客的年度總消費額對於當地經濟所產生的影響是否顯著。

研究結果顯示，此區域在過去十年的人口成長率為13.1%（全美平均為12%）、平均就業率增加了18.7%（全美為18%），平均個人所得增加15.9%（全美為15.6%）。人口、就業、所得這三項成長率都比全美平均來得高些，顯然產生的是正面影響。

而該保護區2004年遊憩人次則逾33萬7千人次，其中約有95%遊客是非居民。旅客在這三個郡縣的遊憩消費總額將近1390萬美元，其中非居民的遊憩消費約計1370多萬美元，比例高達總體消費的98.8%。

更驚人的是，保護區旅客的遊憩花費，在這三個郡縣所帶動的「整體經濟影響」——包括為因應遊憩需求所產生的各種工作就業機會、工作所產生的收入、以及全部稅收（鎮、郡、州、聯邦），加總起來估計高達兩千萬美元，正如瑪姬所給的數字。

該研究進一步指出，旅客來到保護區，是想獲得他們所需要或想望的，這些需要或想望，就是我們所謂的「遊憩機會」。研究者將這「遊憩機會」看成商品，認為任何商品價值都包含兩項要素，一是你實際支付的金額，一是在你所付之外，你因為這項花費而得到的衍生利益。報告指出，比起實際消費，幾乎所有人都願意為了增加遊憩經驗再多付出些，經濟學家稱這種附加價值為「消費剩餘價值」或「淨經濟價值」（net economic value）。

如果將保護區整體經濟效益——即「遊憩總花費」加上「淨經濟價值」，除以保護區2004年度編列預算，結果發現，預算每支出一美元，將獲得7.54美元整體經濟效益。

原來阿帕契之林對當地經濟產生的影響，一年達兩千萬元是這麼算出來的。原來保護區的「存在價值」——或應稱為「整體經濟價值」，確實可用金錢加以客觀衡量分析，用幣值清楚標示出來！

阿帕契 之 林
Apache

## 10
### ▶把愛灌注保護區

　　黎明時分，我們選了一處沼澤，不見一隻雪雁，卻有數百隻沙丘鶴棲息於遠處寒潭中。岸邊已有些攝影同好守著大砲鏡頭，全身裹得臃腫，縮著脖子耐心等候。

　　寒風凜冽，池面的冰似乎結得更堅實了。氣溫降到零下不知幾度，手指冰麻不聽使喚，連拴緊角架的動作都覺得勉強。

　　可我卻甘之如飴。情不自禁，愈來愈喜愛這荒漠中的綠洲。

　　「鶴呢，牠們怎受得了這股寒冷？」但看遠處，一隻隻鶴都把頭深埋進羽翼下，用單腳撐著身子，另一腳收疊胸腹間，一動不動地保持完美的平衡。牠們從北方來，早已習慣這股嚴寒。

　　我和文堯不住地拍甩雙手，原地蹦蹦跳跳，活動身子取暖。遠處鶴群仍埋頭沉睡，無視於岸邊的動靜。

　　旭日東升，陽光打在楚帕德拉山，將山坡映得粉柔，天空顯得特別晴藍。溫度回升，大地逐漸有了暖意。群鶴

感謝您購買 _____ （請填寫書名）

為了提供您更多的讀書樂趣，請費心填妥下列資料，直接郵遞（免貼郵票），即可成為繆思的會員，享有定期書訊與優惠禮遇。

姓名：_____ 身分證字號：_____
性別：□女 □男 　生日：
學歷：□國中(含以下) □高中職 □大專 □研究所以上
職業：□生產/製造 □金融/商業 □傳播/廣告 □軍警/公務員
　　　□教育/文化 □旅遊/運輸 □醫療/保健 □仲介/服務
　　　□學生 □自由/家管 □其他
連絡地址：□□□ _____
連絡電話：公（　）_____ 宅（　）_____
E-mail：_____

■您從何處得知本書訊息？（可複選）
　　□書店 □書評 □報紙 □廣播 □電視 □雜誌 □共和國書訊
　　□直接郵件 □全球資訊網 □親友介紹 □其他

■您通常以何種方式購書？（可複選）
　　□逛書店 □郵撥 □網路 □信用卡傳真 □其他

■您的閱讀習慣：
文學　　　□華文小說 □西洋文學 □日本文學 □古典 □當代
　　　　　□科幻奇幻 □恐怖靈異 □歷史傳記 □推理 □言情
非文學　　□生態環保 □社會科學 □自然科學 □百科 □藝術
　　　　　□歷史人文 □生活風格 □民俗宗教 □哲學 □其他

■您對本書的評價（請填代號：1.非常滿意 2.滿意 3.尚可 4.待改進）
　書名____ 封面設計____ 版面編排____ 印刷____ 內容____ 整體評價____
■您對本書的建議：

客服專線：0800-221029
傳真：02-86673250
電子信箱：m.muses@sinobooks.com.tw

請沿虛線對折寄回

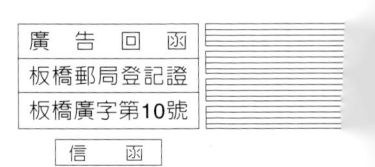

廣　告　回　函
板橋郵局登記證
板橋廣字第10號
信　　函

23141
臺北縣新店市中正路506號4樓
**繆思出版有限公司　　收**

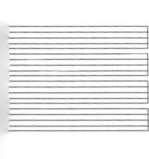

緩緩從睡夢中醒轉，一隻隻抬起頭來。還要好一段時間暖身，只見有些鶴撐開了羽翅，專心用喙梳整著。有些高高昂起頭來，上下掀揮雙翅，或左右搖甩全身羽裳，似在婆娑起舞。

　　鶴群起飛時間，總比雪雁遲些。不像雪雁那樣，起飛前幾乎毫無徵兆，鶴群準備起飛前是有跡可尋的。暖身夠了，整裝待發，牠們會把頭頸往前伸，伸得直直的，好比一架飛機等在跑道上似的。接著邁步向前，邊跑邊揮搧兩片寬闊羽翼，輕跨幾步後，瀟灑凌空而起，姿勢飄逸極了。

　　牠們也不像雪雁那樣成千上萬、出人意表同時振翅飛起，沙丘鶴起飛時是一批一批地陸續離開，好像一群親朋好友出遊，由一隻成鳥帶頭，很有默契地排成流動的斜對角線，飛往北邊田裡覓食。

　　飛翔中的鶴，一般是雙腳伸直於身後，但我看到很多鶴都把兩腳縮到腹羽間保暖，成了模樣有趣的「無腳飛鶴」，顯然是因為太冷了。還有些鶴的脖頸或腳上圈著金屬環，聽泰勒先生說，那是愛達荷大學卓爾文教授（Dr. Rod Drewien）做的標記，他從事洛磯山脈沙丘鶴群研究已將近30年了。保護區的鶴多為大沙丘鶴（Greater Sandhill Crane），身長約122公分，主要來自蒙大拿、懷俄明及愛達荷三個州。另一種較少見的是小沙丘鶴（Lesser Sandhill Crane），身長約100公分，來自更遠的阿拉斯加，和大沙丘鶴具有相同羽色與「丹頂」特徵，只不過體型較小。

沙丘鶴常會引頸發出咕嚕嚕叫聲，好像在對同伴說話。

Bosque del Apache National Wildlife Refuge ［荒野天堂］

## 阿帕契之林 Apache

鶴對中國人而言,代表益年長壽的象徵,因而常把仙風道骨的鶴兒和挺拔蒼勁的古松畫在一起,如元朝張養浩詩:「鶴知松歲月,鷗狎海風波。」此外還有「松鶴延年」、「松鶴長春」、「鶴壽松齡」、「鶴髮童顏」等吉祥的形容詞,成為對高壽者的贊辭。而鶴兒昂首優雅的身姿,翩翩然有君子之風,更被古人喻為具有高尚品德的賢能之士,把有才德聲望的隱士譽為「鶴鳴之士」。

鶴還被古人譽為「仙禽」,如宋代羅願撰《爾雅翼》:「鶴,一起千里,古謂之仙禽,以其於物為壽。」晉陶潛詩:「靈鶴有奇翼,入表須臾還。」則讚嘆鶴飛行之速。而《相鶴經》曰:「鶴,蓋羽族之宗長,仙人之騏驥也。」還有明代李時珍撰《本草綱目》:「鶴乃羽族之宗,仙人之驥。」可見鶴亦被尊為仙人的坐騎。

如雁群嘎嘎叫聲,鶴群咕嚕嚕的持續鳴叫,是牠們每群家族間聯繫家庭成員或互相通知危險的方式。古人也注意到了鶴響亮的叫聲,如《詩經小雅鶴鳴章》曰:「鶴鳴於九皋,聲聞于野。」唐代孔穎達撰《毛詩正義》云:「鶴者,善鳴之鳥,故在澤焉而野聞其鳴聲。」善鳴就是很會叫的意思。宋代王安石則形容鶴:「鳴則聞於天,飛則一舉千里」,不但會叫而且響亮。此外元代朱公遷撰《詩經疏義》亦云:「鶴,長頸竦身高腳…其鳴高亮聞八九里。」這就有些誇張了。元末明清張以寧詩:「仙鶴在人世,長鳴思遠空。」可不是麼,每每在旁觀察鶴兒們之間的互動言行,有時真希望自己能聽懂牠們到底在說些什麼。

「比翼雙飛」的沙丘鶴像雙人舞那般，姿勢曼妙一致。

　　對於北美原住民而言，在他們古老的神話中，鶴在很久很久以前也曾經是人，仍保有人的靈魂。遠遠觀賞窈窕鶴舞，那雍容高貴的姿態，靜靜傾聽鶴鳴此起彼落，看著一家族鶴群無論食、住、行都一起，愈看愈覺得鶴兒像有靈性的人類了。

　　日出日落，是全天最美的賞鳥時刻。而黃昏的飛羽景色，和晨曦一樣令人動容。

　　猶記晚霞滿天，無數雪雁呈V形優美弧線，一波又一波自田邊歸來，如自雲端傾洩的輕柔振顫，又如團團雪絨輕輕飄落，呱嘎生動譜出

Bosque del Apache National Wildlife Refuge ［荒野天堂］

## 阿帕契之林 Apache

自然的樂章。而當雲霞褪去光彩，晚歸的鶴群優雅地伸展雙翅，如潑墨的幽靈悠閒飛掠荒山，在暮色中輕降池澤，安然返家。總讓人想起宋鮑照詩：「渺渺負霜鶴，皎皎帶雲飛。」。那一幕幕自由翱翔的荒野之美，至今仍令人縈懷不已。

近年在此過冬的沙丘鶴和雪雁均已超過上萬隻。任誰看了這荒漠一隅萬羽撲朔的驚人景象，都很難想像在1940年保護區開始運作時，出現於此地的雪雁記錄僅30餘隻，沙丘鶴則不到20隻，正瀕臨絕種邊緣。

阿帕契之林由一片荒漠、一條殘喘細河，開闢成一隅澤鄉、一塊野生動物的棲息天堂。這塊保護區在經營管理上的成果，不但成為北美極負盛名的賞鳥勝地，更是國家野生動物保護區的典範。然而說穿了，保護區過去數十年間竭盡全力所做的一切，這麼費力耗時而繁複龐雜的河岸濕地重建工程，不過是設法回復這塊被扭曲變形的棲息地——還她原始風貌，還她自然。

美國著名的環保先驅艾比（Edward Abbey）曾這麼說：「荒野保育，就像一場對抗工業化國家的前哨戰。從採礦者手

準備起飛的幾隻沙丘鶴，把頭往前伸得直直的。

中救回每一塊草原與沙漠，從水壩工程師手中救回每一條河流，從濫伐者手裡救回每一片森林，從炒作土地的不肖商人手裡救回每一處濕地，都代表人類的自由又多了一平方里可揮灑的空間。」多麼引人深思的睿智話語！

　　人類對大自然予取予求，貪婪無盡地濫捕濫伐，破壞棲地讓動物無家可歸而瀕臨絕種，尤以近世紀為甚。生物學家早已出言警告，當今物種的消失速度超出正常的千百倍。美國過去兩百年來已滅絕的物種，最引人注目的悲劇是旅鴿（Passenger Pigeon），原本在北美達數百萬隻，終究難逃絕跡的命運。最後一隻旅鴿名為瑪莎（Martha），於1914年死於辛辛那提動物園。而像沙丘鶴，在地球上活了九百萬年歷史，卻在短短數十年因人類破壞棲地與肆意捕殺，險些走向永遠的滅絕。

　　被破壞的自然，難以回復原狀；已消逝的物種，也不可能復活。為了滿足無窮欲望或證明人定勝天，人類往往需付出加倍的代價才得以彌補過去曾犯的錯誤。但在地球任一角落，有多少物種能像今日的沙丘鶴這般幸運？是不是有許多無辜生靈，在還來不及被人類發現時，就已悄然自地球永遠消逝了？

　　阿帕契之林的故事，讓我深深體認到，保護區不是把一塊地方圈畫起來，不讓人糟蹋就好了。那份潛能是無限的，只要用心去做，足可化腐朽為神奇。

　　「我把愛，灌注在這塊保護區，而當每年秋冬之際鶴群再度歸來，我便感到那份愛，又回到我身邊⋯⋯」曾在某刊物上，讀到前主管諾頓先生這麼一段感人的話。在阿帕契之林，這塊美國西南荒漠少數僅存的河岸棲地，我看到了生態保育遠景依然充滿生機。

　　因為相信，只要有愛，就有希望。

Bosque del Apache National Wildlife Refuge ［ 荒 野 天 堂 ］

❶ 彩鹮（Glossy Ibis）在這保護區相當罕見，有彎長的喙，身長約58公分。

❷ 雙胸斑沙鳥（Killdeer），或稱雙領鴴，白色頸部有兩道黑環，廣泛分布於北美，身長約27公分。

❸ 在濕地覓食的大黃腳鷸（Greater Yellowlegs），有細長的嘴喙，身長約36公分。

❹ 巨頭鴨（Bufflehead），因頭的比例比其他水鴨來得大，故名之。身長約36公分。

❺ 沼澤冰面上，站著一隻渾身黑亮的美洲鴉（American Crow），身長約45公分。

❻ 羽裳鮮豔的公環頸雉（Ring-necked Pheasant），有長長尾巴，身長約84公分。

# 在阿帕契之林

你還可以看見……

④

⑤

⑥

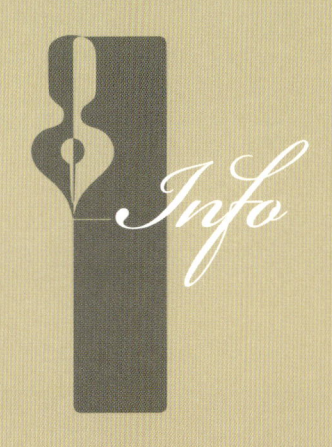

## 何謂荒野區？

　　阿帕契之林保護區劃有三個荒野區（Wilderness Areas）：東邊的小聖帕斯奎（Little San Pasqual），西側的楚帕德拉（Chupadera）與印地安井（Indian Well）。

　　荒野區是美國國會在1964年通過了「荒野法案」（Wilderness Act）所建立的國家荒野保育體系，具有聯邦最高的管理標準，比國家公園還嚴格。該法案要求聯邦管理未被破壞地區，將人類活動影響減至最小，保持原始荒野特徵，保護動植物及自然資源，讓生態體系能永續健全運作。今日美國設立的荒野區總面積已超過四千多萬公頃。位在國家公園內的，由內政部國家公園服務署（National Park Service）管理；而在國家野生動物保護區內的，則由內政部漁業與野生動物署（U.S. Fish & Wildlife Service）掌管；另外還有不少荒野區是隸屬於農業部的森林署（Forest Service）與土地管理局（Bureau of Land Management）所管轄。

# 荒野 X 天堂

### 關於美國的「國家野生動物保護區」

　　美國的「國家野生動物保護區」(National Wildlife Refuge) 源自公元1903年，老羅斯福總統為禁止獵人濫殺鳥類，頒布一道諭令將佛羅里達的鵜鶘島宣布為「聯邦鳥類保留區」，由此衍生而成，至今已成為全世界最大的保育體系。

　　有別於國家公園，野生動物保護區並非以景觀為主，而是專為野生動物的福祉所保留的一塊聯邦淨土。羅斯福總統在任期八年內建立51座保護區，並從商業利益團體手中收回了很多公共用地，為未來的保護區、國家公園及國家森林的設置預留了相當空間。野生動物保護區是由內政部漁業與野生動物局（簡稱FWS）所掌管，經費向來捉襟見肘。1943年國會通過法案，規定獵鳥的執照申請需附含一項「保育費」，自那以後，FWS才有歲收盈餘來購置荒野濕地，在候鳥遷徙沿線上設立更多保護區。

　　1980年，「阿拉斯加國家關係土地保育法案」通過，使野生動物保護區與國家公園兩個體系面積陡然倍增。過去20年中，國會又簽署80餘座保護區，迄今美國已有逾540個保護區（國家公園僅50餘座），加起來共3700多萬公頃的土地，近全美總面積的4%，也比國家公園體系的總面積要來得大。不過，一般民眾對野生動物保護區並不如對國家公園來得熟悉。目前保護區體系涵括了逾700種鳥類，220多種哺乳動物，250多種兩棲爬蟲類，以及逾200種魚類。並為了逾250種的「遭受威脅或瀕臨絕種動植物」提供重要棲息地。

**You cannot begin to preserve any species of animal unless you preserve the habitat in which it dwells.**

除非你保留動物所居住的棲息地,否則你將無法開始保護任何一種動物。

自然保育學家杜瑞爾(**Gerald Durrell**)

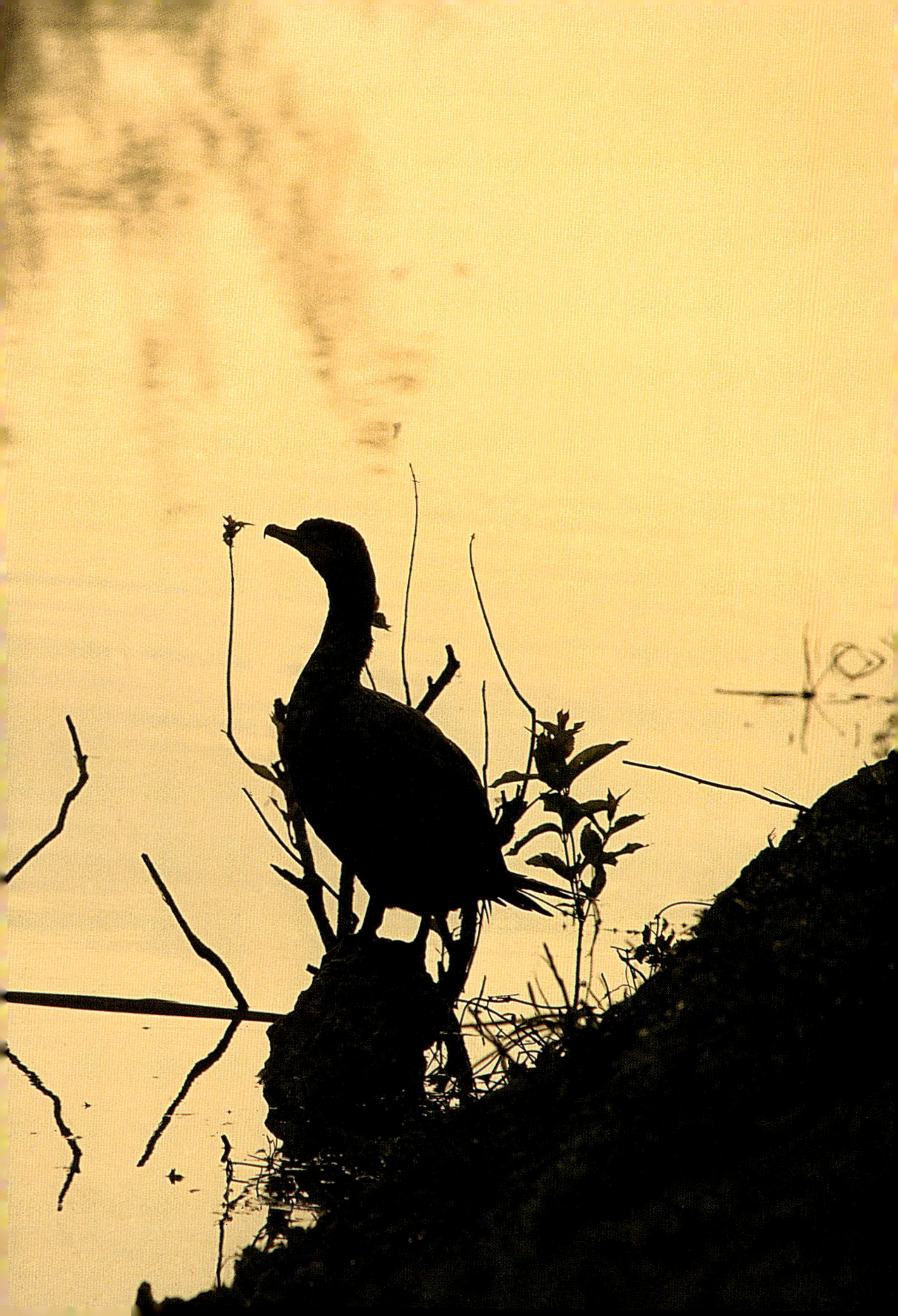

# Mapping Everglades Ecosystems

color key — 海灣河口三角洲 Marine and Estuarine (seagrass, hardbottom, corals)

大沼澤國家公園，佛羅里達州
（大沼澤國家公園服務處提供）

| 紅樹林 Mangrove | 落羽杉 Cypress | 海岸草原 Coastal Prairie | 淡水沼地 Freshwater Slough | 松林地 Pineland | 淡水泥灰草原 Freshwater Marl Prairie | 落葉灌木叢 Hardwood Hammock |

荒野 ✕ 天堂

# Story II

一望無際草之河

# 一望無際草之河

## 大沼澤國家公園
### Everglades National Park

Everglades National Park 〔荒野天堂〕

大沼澤 國家公園
Everglades

# 01

▶ 鳥囀霧濃松翠間

「啾～啾～啾啾～」

「唧唧…唧唧唧…唧唧…」

「吱喁──吱喁──」

「嘎、嘎、嘎、嘎、」

　　各種嘰嘰喳喳鳥叫聲，彷彿在互相較勁般的此起彼落。在拂曉時分，顯得格外清澈嘹亮。

　　我們的帳篷就搭在幾棵杉樹之間的空地。鳥兒顯然就在上方枝頭，近在咫尺。隔著一層薄薄塑料布，絲毫擋不住清脆宏亮的超立體現場音效，一五一十全給透了進來。

　　半睡半醒間，我把整個頭蒙進睡袋，想繼續賴床，眾鳥兒卻好像就站在耳邊，鼓足力氣唱著：該─起─床─囉──！

　　在這裡想拍攝日出的景象，從來不需要鬧鐘。每天，天還未亮，各式各樣鳥兒便定時合奏千啾百囀的大自然田野交響樂，歌頌黎明的到來。耳朵關不起來，只能任天籟聲聲催唱。腦細胞逐漸甦醒，是沒辦法再睡了。

黎明將亮未亮的天色,托映出濕地松(Slash Pine)細直英挺的剪影。

　　我睜開眼,靜靜傾聽,除了悅耳鳥囀,大地如此靜寂。能感覺鳥兒就在帳外的松林翠影間飛來飛去,可以清楚聽到牠們拍翅的聲音。自己聞辨鳥鳴的功力仍淺薄有限,能百分百確定的只有最聒噪的烏鴉。鳴禽除了麻雀,應該還有墨西哥朱雀(House Finch)或小嘲鶇(Northern Mockingbird)?

　　索性坐起身來,掀開外帳探頭張望,一隻豔麗的主紅雀(Common

Everglades National Park ［荒野天堂］

## 大沼澤 國家公園 Everglades

藍天下蒼綠的濕地松是松林區優勢植被，底下長著矮小的棕櫚科植物（Saw-Palmetto）。

Cardinal，又稱大紅冠）輕巧從眼前掠過。隱約可見不遠的草地上，有三兩隻藍頭黑鸝（Brewer's Blackbird）正低頭覓食。

太陽果然還未升起，天猶濛濛未亮。澄紫的蒼穹，萬里無雲。四周松林在濃霧籠罩下，披上縹緲神祕的輕柔面紗，令人憶起台灣溪頭山水的迷濛詩意。

不過這裡沒有山，地勢極為平緩。營地附近稀疏長著濕地松（Slash Pine），樹形瘦削卻高拔直挺，英姿綽約

地構成一幅墨色漬染的剪影。松樹底下密密覆蓋著矮短的蘇鐵與鋸棕櫚（Saw-Palmetto），閒適而恣意敞開一張張如蒲扇般的葉。

「唉，帳篷又滴水了！這裡濕氣還真重……」文堯也醒了，低聲咕噥著，兩眼直盯著頭頂上的內帳，沿著塑料布縫線順序排列著一顆顆晶瑩剔透的大水滴。頭次發現帳篷竟然「滴水」，還以為半夜下了大雨或帳篷哪裡破了洞。研究老半天才發覺原來是這裡濕氣太重所致。

我們營地位於大沼澤國家公園東側的長松嶼營區（Long Pine Key Campground）。顧名思義，沼澤的濕氣當然非比尋常囉，何況還是「大沼澤」！這公園在佛羅里達最南端，同屬亞熱帶氣候，感覺卻比台灣要濕熱許多，才起床沒多久，就覺得渾身黏搭搭的。即使是2月天──算是此區的「乾季」，帳內的濕氣只要累積一夜功夫，便蔚然形成「水珠成串」的特殊景觀。這股濕勁，夠誇張了。

濕歸濕，四周環境卻很開闊潔淨。濕潤空氣中彌漫草澤的芳香，深深吸一口，清新甜潤猶如甘泉。走出營區松林，觸目一片空曠平野，無邊無際。

望向東方遙遠的地平線，曙光初露，天空由絳紫、而淡青、而淺粉，不時變幻色彩。調好光圈快門，靜靜等待日出。不多久，霞光萬丈，一輪橘紅朝陽緩緩浮上地平線。在漫天濃霧中，原本銳利的鋒芒盡被輕柔淡化了。

蛇鵜身長約89公分。頭小而喙直，脖頸細長像蛇一樣，故又別名「蛇鳥」。圖為雌鳥。

Everglades National Park ［ 荒 野 天 堂 ］

## 大沼澤 國家公園 Everglades

我盯著太陽升起，絲毫不覺得刺眼。沒有咄咄逼人的金色光芒，那欲語還羞的內斂，竟似散發一圈聖潔的光暈，直讓人分不清日晞日暮。

此處日出雖奇特，和阿帕契之林卻是迥然不同的景觀。鳥囀、濃霧、稀疏松林和平坦曠野的日出，是我對大沼澤最初始的印象。後來才發覺，真正令人感到驚奇的，是這裡為數眾多的美洲短吻鱷（American Alligator）和多樣又繽紛多彩的水鳥珍禽。

拍完日出，我們按圖索驥，大清早就來到皇家棕櫚遊客中心（Royal Palm Visitor Center），想趕在一般遊客還未出現，鳥兒未被嚇跑之前，希望能拍到更多種類的鳥兒。記得行經一處收費亭，繳費時趁機向工作人員請教：「請問現在這個季節鳥兒多不多呢？」她邊收錢邊點頭，沒答腔，好像這不算是個問題。

「那有沒有蛇鵜（Anhinga）呢？」這是我們來這兒最想看到的一種鳥。

「有。」她把收據遞給我們。

「很容易看到嗎？會很遠嗎？」有點擔心，如果距離很遠，那就很難拍攝了。

「是的，很容易看到，也不遠。」她又遞給我們一份國家公園的地圖簡介說：「走蛇鵜步道（Anhinga Trail）就能看到了。」是因為這樣，才稱蛇鵜步道麼？

「那麼，有沒有鱷魚呢？」忍不住再問一下。她看看我們，似乎想著該用什麼形容詞來回答，然後加重語氣笑說一句：「有，有上噸的鱷魚。」

兩隻紅頭美洲鷲棲息枝頂，此鳥身長約66公分，雙翼展開達170公分寬。

蛇鵜步道位於泰勒河沼的北端，步道約一公里，蓋造於大片池澤與濕地之上。

（"Yes, there are tons of!"）

回想起來，問那些問題（尤其是最後一題），不但擺明我們是第一次來到貴寶地的外地人，更像沒見過世面的鄉巴佬進城。我永遠不會忘記她用逗趣的表情說出"tons of"這兩字來形容此區鱷魚的數量。可她並非開玩笑，因為不久我們便發現，真的有好多鱷魚！

停車場仍然空蕩蕩的，只有幾隻渾身烏黑的紅頭美洲鷲（Turkey Vulture），蹲踞車旁的枝頭上，兩眼直盯著我們瞧。此鳥是禿鷹的一

Everglades National Park　[ 荒野天堂 ]

大沼澤 國家公園
Everglades

種，頭上無毛，在加州也常見，不過加州的禿鷹很害羞，沒像牠們這麼不怕人。

蛇鵜步道就在遊客中心建築後方的沼池旁，直直伸入沼澤區，全程約一公里。步道整修良好，前段鋪著水泥，後段則在沼澤上方搭了木製棧道。之前已聽說這是公園內非常有名的生態步道。起先看到步道鋪水泥，感覺似乎不夠自然，繼而一想，此區全年濕氣重，而且濕季從5、6月持續到11月，長達半年，步道若不鋪水泥肯定會變得泥濘不堪，不方便人們接近沼澤區。

濃霧逐漸消散，四周景物跟著清朗起來，近處池水映著粼粼金色波光。不需望遠鏡，我一眼瞥見對岸枝椏間有隻形狀奇特的鳥，一身黑亮光澤，長長尾巴，伸著細長脖頸，高舉寬大的雙翅晾曬全身羽翼。

「啊，真的有Anhinga，真的是蛇鵜耶！」我忍不住輕聲驚叫，高興指給文堯看。此鳥僅分布於佛羅里達、美國南部墨西哥灣沿岸以及中南美洲，在台灣和加州都從沒見過，首次邂逅特別令人開心振奮。

蛇鵜（Anhinga）是蛇鵜步道最常見鳥類之一。覓食方式是全身潛入水裡，因羽毛缺乏油膜，在捕過魚後需張翅曬乾羽毛。

Everglades National Park　[ 荒 野 天 堂 ]

大沼澤 國家公園
Everglades

## 02
▶ 劍客蛇鵜展絕技

　　我們倆個一前一後沿著步道走沒多久,便各自被不同的事物吸引。文堯在前面已迅速搭起腳架與五百釐米大鏡頭,不知看到什麼有趣的。我往前沒幾步,卻發現近處沼池裡就有一隻蛇鵜正在「潛泳」——從頭到腳,整個身子都在水面下。池水清澈見底,映著牠優美的泳姿,我從沒這麼近看鳥兒在水面下游泳,立刻被牠吸引,靜佇觀察。

　　牠全身羽翼在水中輕輕漂散開來,身長不到一公尺,背羽披著黑底白飾的繁複斑紋,像一片輕盈遊走的水中幽靈。此鳥最大與眾不同處,是牠身懷絕技能夠「半浮半潛」:不像一般水鴨或潛鳥,要不整個浮在水面,要不就全身潛藏入水,要不就倒栽蔥「頭下腳上」露出屁股和腳丫子;蛇鵜卻能像潛水艇那樣,偶爾把頭伸出來探望,身子卻仍能完全浸在水面下。

　　見牠探頭張望,我注意到此鳥的眼睛是紅色的,看起來有些詭異,細細脖頸如蛇身般彎柔,鮮黃的直喙,有如鷺鳥般細長而鋒利。牠半浮潛時,濕透的羽毛緊貼,頭頸

蛇鵜最特別之處是牠也可以「半潛半浮」，身體浸於水中，只伸出頭頸。圖為雌鳥。

顯得特別細長，難怪又被稱為「蛇鳥」。

牠不時潛入水裡，沒了蹤影。游哪兒去了呢？等了好一會兒，正想離開，卻見蛇狀頭頸突然露出水面，尖銳如劍的嘴喙已深深刺戳一魚身。赫，竟拿利喙當劍使，一劍將魚刺穿，果然厲害！

但這樣豈非無法「張口」，又如何享用獵物？我更好奇了。只見牠尖喙朝上，高舉勝利品，抬頭往上一昂，一抖，將魚甩上了半空。魚墜下，一張口，從容叼住。動作乾淨俐落，柔軟的脖頸看似比蛇還來得更加靈巧。

Everglades National Park [ 荒野天堂 ]

將魚叼住而非刺住,應該就能吃了吧?不,沒那麼簡單,因為魚身橫堵住嘴,太大尾仍無法吞嚥。劍客自有妙計,再次抖動脖頸,將魚往上輕拋,魚在半空轉個身。再

一群鸕鷀在池中棲息。池中樹叢稱為Pond Apple，分布於公園濕潤沼澤區，屬熱帶品種。

輕拋，魚又轉個身。輕拋三、五回，每次都橋一橋魚頭方向。技術精湛無暇，直到口中圓滑的魚頭終於轉向咽喉。然後稍一仰頸，一張口，便將整隻魚順利吞入喉間。

Everglades National Park [ 荒野天堂 ]

## 大沼澤 國家公園 Everglades

　　劍客細細脖頸被魚身撐大，可清楚看到喉口有個隆起物，一路緩緩滑下肚腹。如此神乎其技，拋魚的力道與距離都拿捏得恰到好處，令人嘆為觀止。看得我瞠目結舌，幾乎都想拍手鼓掌了。

　　正看得精采，意猶未盡，沼澤另一頭又有隻蛇鳥游來。咦，不太像，這隻全身烏黑，羽翼沒有白紋，脖頸較為粗短。再看個仔細，原來是蛇鵜的近親雙冠鸕鶿（Double-crested Cormorant），此鳥分布於美國內陸湖沼區以及東西沿海，我們在加州和新墨西哥州都看到過。

　　元代袁桷〈舟中雜詠〉曾如此生動形容：「鸕鶿漾晴空，意態極楚楚，翻風蒼雪迴，轉日爛銀舞。盤旋傲孤鴻，清遠敵凡羽，須臾下魚陂，愧我覺疾去。」可見在中國也廣泛分布，同屬鵜形目鸕鶿科，通稱「鸕鶿」、又稱「烏鬼」、「慈老」、「水老鴉」、「摸魚公」等。

　　中國大陸水鄉地區的漁民常將之馴養後用來幫忙捕魚，明代張字烈〈正字通〉記載：「鸕鶿，人畜之以繩約其嗉，才通小魚，其大魚不可下，時呼而取之，復遣去。」即說明鸕鶿如何成為捕魚幫手：漁民在鸕鶿脖子上綁一根細繩，讓小魚可吞下，大魚則卡在喉嚨中，漁民便能將魚取出。唐代魏徵等撰〈隋倭國傳〉亦云：「倭國土地膏腴，水多陸少，以小環挂鸕鶿，令入水捕魚，日得百餘條。」可見馴養鸕鶿入水捕魚的古老方法早在一千多年前的隋朝就有，不但由來已久，甚且流傳到鄰國日本與韓國。

▲一隻鸕鶿剛潛入水中抓到了魚，用喙緊咬著。此區鸕鶿品種以雙冠鸕鶿為主。

▶鸕鶿身長約84公分，碧眼，喙尖帶鉤，與蛇鵜是近親，潛水覓食上岸後需將翅膀張開晾乾。

Everglades National Park 〔荒野天堂〕

## 大沼澤 國家公園
### Everglades

林鸛身長逾一公尺，翅膀張開達155公分寬，因濕地消逝而數量銳減。是公園生態健康與否的主要指標之一。

　　眼前這隻鸕鶿拖著有蹼的腳上了岸，顯然已捕過魚、吃過早餐了。挺著圓肚，居然逕自朝我走來，到面前咫尺之處才停住，揮動雙翅甩一甩身上的水，落落大方地像蛇鵜一樣張翅曬太陽。令人訝異的是，附近幾隻鸕鶿見狀，也踩著腳慢慢靠攏過來，對於我的存在簡直視若無睹。我可以清楚看到牠們羽毛上沾著一滴滴水珠，欣賞牠們喙尖帶鉤的黃喙與碧綠清澈的眼睛。我從沒看過這麼近的鸕鶿，距離近到爆框，必須退後才能拍攝牠們。

　　陸龜蒙〈北渡〉曾形容：「輕舟過去真堪畫，驚起鸕鶿一陣斜。」這裡的鸕鶿一副老神在在，要看牠們一陣驚起，恐怕是不太容易了。那悠閒曬翅的情景，讓人想到

杜甫〈田舍〉詩句：「櫸柳枝枝弱，枇杷樹樹香。鸕鷀西日照，曬翅滿魚梁。」對鸕鷀的習性觀察入微，得以點出牠們晾翅的特點，可見杜甫也是心細之人。

鸕鷀和蛇鵜所以需要晾翅，因其羽毛構造較為特殊的緣故。其內層羽毛為綿密細軟的白羽，具有保溫作用；外部羽毛則透水性佳，潛入水中捕魚時，可增加比重，使牠們能在水中隨意上下沉浮。上岸停棲時，牠們經常會揮動雙翅瀝乾身上的水分，並伸展翅膀晾乾羽毛，好讓身體變得輕些，為再次起飛做準備。

也是在這條步道上，第一次看到罕見的林鸛（Wood Stork），一種長腳大型涉禽，是北美唯一鸛科鳥類。全身雪白羽裳，茶褐色的頭頸如一截細琢別緻的木雕，從空中翩翩降落，羽翼寬大，飛翔姿勢極其優美，走起路來，步伐沈穩安詳。身長約一公尺，比沙丘鶴小些，可兩者外型和神韻有些相仿。朱公遷《詩經疏義》云：「鸛，水鳥，似鶴者也。」僧守仁詩曰：「埌鸛何翩翩，頗與鶴同類。」可見連古人也這麼認為。

林鸛有著長長嘴喙，豎直而堅厚。覓食時，牠不像鷺類主要依賴視覺，而是像黑面琵鷺般，將長喙探入淺沼中，用敏感的觸覺捕捉水中獵物，因此牠在污濁泥沼中也能覓食。偶爾會用腳爪輕輕踢攪沼底泥土，好把躲藏的小魚趕出來。長喙一旦碰觸到什麼，會以千分之二十五秒迅雷不及掩耳的速度，啪地將餌食咬住──據生物學家研究，這是脊椎動物最快速的反射動作。

我們在來訪前有做功課，知道此鳥因為棲息環境的改變而在北美瀕臨絕種，是大沼澤國家公園重要的生態指標之一。因此每當林鸛不期然出現，我們的鏡頭總立刻轉向，全部焦距都對準了牠。不是過於悲觀，而是就怕萬一。萬一日後林鸛絕跡了，至少還有圖片為證，讓後人看看牠優美而獨特的樣貌。

大沼澤 國家公園
Everglades

## 03

### ▶ 草河平野彩鷺飛

　　這蛇鵜步道果然名不虛傳，沼澤草野不時飛出許多飄逸多彩的鷺鳥，是另一道令人目不暇給的風景。其中最顯眼的，莫過於白鷺了。

　　古代詩人常以白鷺入詩，或因在一片青山綠水中，牠們雪白的身影特別醒目。如杜甫〈絕句〉中「兩個黃鸝鳴翠柳，一行白鷺上青天」，便是耳熟能詳的詩句。李白〈白鷺鷥〉：「白鷺下秋水，孤飛如墜霜，心閒且未去，獨立沙洲傍。」形容白鷺如飄降的霜雪。王維〈積雨輞川莊作〉詩：「漠漠水田飛白鷺，陰陰夏木囀黃鸝。」描述此鳥飛翔水田中的閒逸優雅之姿。還有陸游〈遊萬里橋南劉氏小園〉：「汀鷺一點白，烟柳千絲黃。」那一點白的意境也是很美的。

　　有趣的是，在中國古詩中，或說古人眼中，幾乎多認為鷺鳥是白色的。如明代李時珍撰〈本草綱目〉云：「鷺，水鳥也，林棲水食，群飛成序。潔白如雪，頸細而長。腳青善翹，高尺餘，觧指短尾。喙長三寸。頂有

在濕地覓食的大白鷺。20世紀初流行的仕女飾羽帽，幾乎將此鳥獵殺殆盡，目前數量已回升。

Everglades National Park [ 荒野天堂 ]

## 大沼澤 國家公園
## Everglades

❶戳到一尾魚的大白鷺,身長約97公分,目前在全美均可見其蹤影。

❷鋸草沼澤的大青鷺,跟大白鷺一樣,覓食時常以靜制動。此鳥身長約117公分,是北美體型最大的一種鷺。

❸抓到一隻小魚的黃冠夜鷺(Yellow-crowned Night-Heron),身長約61公分。

長毛十數莖，毿毿然如絲，欲取魚則弭之。」臺灣清乾隆年間，胡建偉撰〈澎湖紀略〉曰：「鷺鷥，詩義云，水鳥也。所好潔白，謂之白鳥，凡渡海者，見有白鳥飛翔則喜，以其將近嶼島也。」原來看到白鷺，就表示快靠岸了。

此外〈毛詩陸疏廣要〉亦云：「鷺，水鳥也。好而潔白，故汶陽謂之白鳥。」也把鷺稱為白鳥。唐代元稹〈遣春十首〉：「雪鷺遠近飛，渚牙淺深出。」雪當然是白的。宋代鄭樵〈通志〉：「白鷺，曰鷺鷥。」宋代黃鑑筆錄〈談苑〉：「鷺，曰雪客。」可見無論是以白鳥、雪鷺、雪客來形容，全都是白色的。

可見今日我們在臺灣看到的牛背鷺、小白鷺、中白鷺、唐白鷺以及各種白色鷺鷥，古人均一律稱為白鷺，並沒仔細觀察給予適當的名稱。唯有大白鷺，在〈本草綱目〉以「白鶴子」稱之：「白鶴子，潔白如玉，狀白如鷺，長喙高腳，但頭無絲耳，姿標如鶴，故得名。林棲水食，近水處極多。」大白鷺雙翼開展面積大，能如鶴般緩緩鼓翼飛行，也難怪會被形容為「姿標如鶴」了。

其實除了白鷺，在台灣還可見到其他不同顏色的鷺鳥，例如夜鷺、栗小鷺、岩鷺、蒼鷺等。我不禁要問，是不是因為古代沒有望遠鏡，所以不容易看到其他顏色的鷺鳥呢？

如果古人有機會走一趟蛇鵜步道，對鷺鳥印象應該就會完全改觀了。因為距離很近，不用望遠鏡，就能清楚辨識各種鷺鳥原來還有大小、形體、顏色之分。牠們飛行時，脖頸常屈曲成S型縮入雙肩之間，因其尾短，飛行時雙腳伸直以代替尾羽平衡重心。覓食均倚賴視覺，雙眼經尖銳的長喙注視水面，快速啄食水中食餌。只要稍加留意，甚至會發覺每種鷺的覓食習性都不太相同。

譬如披著灰藍蓑翁的大青鷺（Great Blue Heron）和全身雪裳的大白

大沼澤 國家公園
Everglades

❶綠鷺是北美體型最小的一種鷺,身長僅約45公分。羽毛似乎會隨光線而深淺不同。

❷在池畔靜佇覓食的夜鷺,身長約63公分,大多在夜晚覓食而得名。

❸小青鷺身長和雪鷺一樣約60公分,但體型稍微壯些。覓食時,喜歡伸著頭頸不時往水中探。

草河平野彩鷺飛

鷺（Great Egret），覓食時往往以靜制動，猶如池畔一座美麗的天然雕塑，那份定力毅力和耐力眞不是普通了得。小青鷺（Little Blue Heron）則恰恰相反，以動制靜，在淺水處踱來踱去，老把頭頸伸長，尖喙不時向下探，朝水裡迅速撲啄。

還有三色鷺（Tricolored Heron）脖頸與喙特別纖長，個性好動，覓食時愛一邊搧翅保持平衡。綠鷺（Green Heron）外型較爲短小，常在水面低枝上蜷身蹲伏，守株待兔等魚兒自投羅網。青背白腹赤眼的夜鷺（Black-crowned Night-Heron）偏愛在夜間覓食，白天多獨自在密叢裡棲息。而個兒較爲嬌小的雪鷺（Snowy Egret）在發動攻勢之前頭頸常緊縮著，再出其不意進擊。

當然，鷺類具S長頸優勢，攻守戰略也會因時因地制宜。曾見雪鷺在水上飛翔輕舞，腳爪似蜻蜓點水似的挑撥水面，據說這動作有如釣餌，可誘引魚兒的注意。

在步道來回幾趟，漸漸發現蛇鵜、鸕鶿、各式各樣的鷺兒都是「常見鳥類」，自己就不再像劉姥姥進大觀園那樣驚異了。後來又發現美洲才有的紫青水雞（Purple Gallinule），正施展凌波微步神功，輕巧踏走於沼池蓮葉間。從沒看過羽色如此漂亮鮮麗的紫色水鳥，不過此鳥屬於水雞而非鷺類，像美洲白冠雞一樣爪趾間沒蹼，卻能在水中悠游。還有美洲麻鷺（American Bittern）具有米褐色細長條紋當保護色，混在草叢中不容易被發現，長得和台灣的黃小鷺（Yellow Bittern）有點兒像。

起先只顧著拍鳥，不久便看到好大一隻美洲短吻鱷就趴在步道旁邊曬太陽。第一次看到沒被柵欄圍起來「任我行」的野生鱷魚，因距離很近，著實嚇一跳。

鱷魚雖可自由活動，但牠們非必要時，不太移動尊駕。看步道旁的解說牌，原來牠們主要食物是魚類和鳥類，甚至烏龜和哺乳動物，且飽

一身亮麗寶藍色彩的紫青水雞，身長約33公分，婀娜輕巧走在蓮葉上。

餐一頓後，可以好幾天不進食，難怪總見牠們無所事事在休息。

此種鱷魚體色深，浸在水中只露個頭頂和兩隻圓凸大眼，一動不動，真像一塊水中浮石。想拍特寫，從觀景窗望去，那銳利炯炯眼神，咄咄逼人。打個呵欠，嘴巴大得

好像能把人一口給吞了，氣勢更是嚇人。其實只要不無故招惹，牠們脾氣還蠻溫馴的，並不會主動攻擊人。

這裡鱷魚實在很多，如果連在對岸的，躺在泥沼裡的，藏在水裡的，無論大的中的小的統統算進去，還真是「上噸」——多得數不清。不想看到，都很難！

實在很神奇，此區鳥兒和鱷魚好像都不太怕人，不像在阿帕契之林（或任何其他地方）拍鳥都得躲在車裡或弄個偽裝網掩護。這裡的動物都好大方，個個我行我素，舉止間神情自然流露，就在你面前做出日常生活的千姿百態。

之所以不怕人，我猜，可能因為這塊地方已被保護了將近百年之久。蛇鵜步道在公園東部泰勒河沼（Taylor Slough）上游，是昔日成立於1916年「皇家棕櫚州立公園」（Royal Palm State Park）的核心，當時公園占地僅1619公頃，卻是今日大沼澤國家公園區內最先被保護起來的一塊荒野濕地。

具有細直條紋的美洲麻鷺，身長約71公分，藏在草叢中不容易被看到，引頸時身體幾乎可與地面垂直。

Everglades National Park ［荒野天堂］

大沼澤 國家公園
Everglades

## 04
### ▶ 北美亞熱帶伊甸園

其實這裡風景並不那麼上相，放眼望去盡是一片平坦的草野與沼澤地形，沒有壯麗山水，或說幾乎沒有任何起伏。然而我漸漸發覺到此公園最珍貴的，就在於這裡大量聚集的各種水鳥涉禽和鱷魚。此區水鳥種類之多，與人們距離之近，生態行為之自然豐富有趣，是在別的地方從沒看過的，也是我所見過最合作的野生模特兒了。

蛇鵜步道上，一隻蛇鵜站在訪客身邊。這裡的鳥似乎都不太怕人。

我終於了解大沼澤有多麼特別。難怪聯合國教科文組織早在1976年便將此公園指定為重要的「國際生物保育區」（International Biosphere Reserves），並於1979年列為「世界遺產」（World Heritage Site）──換句話說，大沼澤是緊接在黃石國家公園之後，美國第二座被聯合國遴選的世界自然遺產，可見其生態有多麼獨特和重要了。

園方每天提供的教育解說課程，通常都很精采。某天看到一群小學生熙熙攘攘來到這公園上戶外教學，老師帶領大家坐在遊客中心外面一排排椅凳上，其他訪客見狀也跟著坐下。公園解說員鮑伯約50來歲年紀，手上拿著一張南佛羅里達州的大區域地圖。他指著地圖一開講，大家頓時安靜。我忍不住湊上前去，也正襟危坐仔細聽起課來。

鮑伯的解說內容，主要是公園簡介與其特殊的地質地形特徵，進而介紹這樣的地質地形與當地氣候交互影響下，所衍生的獨特沼澤生態環境。

就整個大區域來看，此國家公園在佛羅里達半島南端，西臨墨西哥灣，北以塔米阿密道路（Tamiami Trail）為界，南鄰成串的佛羅里達珊瑚群島，範圍涵蓋了佛羅里達海灣大部分地區，今日公園總面積約610萬公頃。

原住民則稱此區為"Pa-hay-okee"，意思是「多草的水」（the grassy waters）。公園早期的環保捍衛者──瑪裘麗‧道格拉斯女士（Marjory S. Douglas）在她1947年著書中，為這公園取了一個極具詩意的名字「草之河」（River of Grass），成為今日大沼澤最普遍的代稱。

由流水、泥土與藍天交織而成，這片漫漫草之河源自佛羅里達中部的奇斯米河（Kissimmee River）與歐奇邱比湖（Lake Okeechobee），由平均僅十幾公分深、但寬達80公里的平廣淺水，以無法察覺的緩慢速

清晨濃霧中，泰勒沼河的迷濛日出彷彿落日。

度，從佛羅里達中部內陸向南蠕動，蔓延流入碧絲崁海灣（Biscayne Bay）、佛羅里達海灣、以及西南的萬島嶼（Ten Thousand Islands）海域。

　　為何會形成這麼大片的天然濕地呢？鮑伯解釋，因為整個公園地形是略往西南傾斜的平淺盆地，其底層地質，主要是由更新世魚卵狀石灰岩所構成的。覆蓋在這石灰岩層上面的，是厚度不一的泥灰與泥煤：前者是石灰岩分解

平坦遼闊的泰勒河沼，優勢植被為鋸草，圖中為一隻大白鷺。此區是大沼澤國家公園最早被保護起來的地方。

的泥土，後者則是沼澤植物腐化而成，這兩者提供植物生根所需土壤。因岩層與土壤透水性強，加上地勢平緩，整個盆地就如同一片蓄水層，能流住水分，減緩水往下游流失的速度。

　　不像美國其他國家公園主要為了保護奇特的地質地形景觀，此公園最初成立目的純粹是「生物性」的，是為了保護當地特有動植物與亞熱帶生態環境。這是北美唯一的亞熱帶自然生態保育區，境內蘊含了溫帶與熱帶植被種類，並兼具海洋與河岸──即鹹水與淡水的棲地環境。公

Everglades National Park ［荒野天堂］

大沼澤 國家公園
Everglades

蛇鵜餵哺幼雛的連續畫面。哺育責任由雄雌鳥共同擔負，圖為雄鳥與三隻嗷嗷待哺的幼鳥，乍看下還以為父親活吞了小孩，其實是小孩將整個頭伸進爸爸的脖頸裡「覓食」，果然撈出一隻鮮魚。

北美亞熱帶伊甸園

園由鋸草（sawgrass）構成綿延不絕的「草之河」，是世界上最大的鋸草沼澤；沿岸的紅樹林面積超過9萬3000公頃，是西半球最大的紅樹林生態體系；而公園荒野區則近52萬5000公頃，是洛磯山脈以東最大的一區。若換算成我們熟悉的公制，公園的最高點，才不過海拔兩公尺左右。因為地形是如此平坦，幾公分的高度差距，都可能「差之毫釐，失之千里」，造成「濕地」與「乾區」的差別，致使地表植被產生顯著的變化。

難怪帳棚會滴水，我們確實就是在沼澤包圍的一塊乾地上紮營啊！

鮑伯繼續解釋，從東邊公園入口一直到道路終點的佛羅里達海灣，東西距離約60公里。可依海拔高度與地表植物種類，將公園分為三大生態區：海拔90公分至兩公尺是松林與闊葉叢，就是我們所在的泰勒沼河區；海拔30至90公分是樹島草澤區（Tree-island Glades），主要分布在公園的中央地帶；海平面至海拔30公分則是紅樹林濕地（Mangrove Swamp），集中於沿海一帶。

此公園並與鄰近其他多座的自然保護區互通聲息，包括北側的大落羽杉國家保育地（Big Cypress National Preserve），東邊的碧絲崁國家公園（Biscayne National Park），以及南部的佛羅里達群島國家海洋保護區（Florida Keys National Marine Sanctuary）。整個大區域內，總共分布多達十處的國家野生動物保護區。就佛羅里達南部整個錯綜複雜的生態保育體系來看，大沼澤國家公園正位於地理心臟位置。

鮑伯邊說邊在地圖上指出各個保護區所在位置，在座聽眾都一目了然。

正因大沼澤地理位置介於熱帶與溫帶之間，位在淡水與鹹水交會之處，有濕地、沼澤、沿海淺灘、與深水海灣，因其地質地形和地理環境是如此特殊，因而創造一個繽紛多樣的動物棲地環境與多元豐富的生態

## 大沼澤 國家公園 Everglades

盤踞枝上的佛羅里達赤膀鷹,具褐紅肩翼,羽翼相當漂亮,是大沼澤常見猛禽。

生態池附近常出現小野兔,特別喜歡吃澤區乾地上的嫩草。

144 | 145 北美亞熱帶伊甸園

族群。

迄今園方所紀錄的，約有950種維管束植物，其中將近半數屬於「當地特有品種」，僅生長於佛羅里達南部，在世界上其他地方都找不到的。公園脊椎類動物，包括陸地上與水中的約800種。這裡也是重要的鳥類繁育區，被紀錄的鳥類超過400種，很多是北美罕見品種。魚類超過275種，已知的爬蟲兩棲類逾50種，最具代表的是美洲短吻鱷與美洲鹹水鱷魚（American crocodile）。

為了能讓大家更了解當地自然生態，鮑伯邊說邊亮出一張張彩色圖示，讓大家知道哪些是最具代表的維管束植物（如構成「草之河」的鋸草）、鳥類（如蛇鵜）、脊椎類動物（如佛羅里達豹，Florida Panther，亦稱Cougar，目前瀕臨絕種）、魚類（如佛羅里達長嘴魚，Florida Gar），爬蟲類（如短吻鱷，也是大沼澤的象徵圖騰）。大家都全神貫注聽得津津有味。真是一位博學專業又盡職的解說員，不但對公園自然生態環境和現存物種狀況均瞭若指掌，還能藉由各種圖示講得生動而淺顯易懂，連小學生都頻頻點頭。

在沼池旁可看見水中悠遊的佛羅里達長嘴魚。

Everglades National Park ［荒野天堂］

## 大沼澤 國家公園 Everglades

# 05

### ▶ 斬斷天然心肺，歷盡世紀滄桑

說到鱷魚，鮑伯還特地拿出一捲貨真價實的鱷魚皮，還有我從來沒見過的鱷魚肉罐頭，請大家輪流「傳閱」。他說在19世紀末，白人建渠排水，積極開發大沼澤。到了20世紀初，紐約東北地區開始盛行昂貴仕女羽帽，致使鳥類被獵殺，還有具經濟利益的鱷魚皮與鱷魚肉罐，均為佛羅里達的野生動物帶來空前的浩劫。棲地破壞與無限制濫捕濫殺，造成鱷魚與鳥類──特別是大白鷺與雪鷺，數量急遽銳減，幾乎瀕臨絕種。

其實獵殺鱷魚，早在1880年代就開始了，持續至1960年。1961年佛羅里達頒布法令禁止獵殺，但一直到1969年「聯邦瀕絕動物保護法案」通過後，鱷魚才不再被濫殺濫捕。

我只知道仕女羽帽和鱷魚皮

上公園解說課時，鮑伯拿出貨真價實的鱷魚皮和鱷魚肉罐頭請大家輪流傳遞。

◀池畔的三色鷺，身長約66公分，喙長腿長，因具多種顏色而得名。

▶池畔縮頸靜待魚兒游近的雪鷺，身長約60公分，全身雪白羽衣，在20世紀初是羽毛商販獵殺的主要對象。

在以前曾一度很流行，卻不知道以前的人居然還吃鱷魚肉！看著傳到我手中的鱷魚罐，聽鮑伯講這些以往的歷史故事，真有恍如隔世之感。今日我走在蛇鵜步道上，隨處可見各種鷺鳥和鱷魚，實在很難想像這些美麗生靈曾在20世紀被濫加屠殺的光景。不禁要問，人類是不是地球上最貪婪殘忍的動物呢？

鮑伯最後提到了，即使後來政府立法保護，鳥類和野生動物不再被無辜殺害，大沼澤卻因過去半個多世紀來大規模的防洪治水工程，加上附近都會區人口的快速增長，致使公園面對更根本的嚴重危機——水的問題。

鱷魚突然張開大口，還蠻嚇人的。牠們主要食物是各式魚類和鳥類，也吃烏龜和小型哺乳動物。

「政府早注意到這國家公園的種種問題了，目前已通過一份『大沼澤生態重整計畫』（Comprehensive Everglades Restoration Plan，簡稱CERP），估計將花費78億美元，至少須費時30年以上才能完成。這將是美國——或說全世界有史以來耗資最鉅的生態重整計畫……」

看鮑伯那副認真凝重的神情，彷彿希望在座所有人都能明白大沼澤目前所處的艱難困境，並幫忙擔負一份保護的責任。可不是麼，二三十年後這些小學生早成為社會中

堅，藉由這個教育機會讓他們從小多認識、多了解、多關愛這個保護區，日後自有人會繼續關心、捍衛這塊土地。

解說結束，接下來是田野觀察，鮑伯帶領大家實際走一趟蛇鵜步道，沿途一一指認特有的樹木花草、各種常見鳥類、鱷魚及其行為習性，並隨時回答大家的問題。這堂生態教育解說，前後不到兩小時，內容卻很扎實，深入淺出而老少咸宜。我原只是好奇，無意間卻上了極寶貴的一課。

大沼澤生態環境急轉直下，在1993年便被聯合國列為「瀕危的」世界自然遺產，我來公園之前已略有所聞了。隊伍解散後，我忍不住問鮑伯：

「你覺得這項重整計畫，真能讓大沼澤回復原來的樣子嗎？」

他略微遲疑一下，坦白說道：「其實，原來的大沼澤已死去一半了，妳現在所看到的，只是剩下的。死去的那一半，是永遠不會再活回來了。重建計畫即使無法起死回生，多少能改善目前岌岌可危的狀況，讓剩下的一半可以不再惡化下去。」他這一番話，說的真是語重心長，迄今猶存耳際。

如果知道「大沼澤」在過去百年多來所遭受的滄桑境遇，就能理解鮑伯何以會有如此不樂觀的想法了。

事實上，此國家公園目前所涵蓋的範圍，只不過是「昔日大沼澤」面積的五分之一。根據文獻記載，數千年來「草之河」這片平廣的淺水，曾覆蓋佛羅里達南部近三百萬公頃的土地，形成一片偌大的草野河沼濕地生態環境。印地安人定居於此，約始於兩千年前，他們靠狩獵捕魚、採集貝類果實維生，與大自然維持平衡和諧的關係。直到歐洲白人到來，這裡曾是原住民部族世代生存繁衍之處，也是無數鳥類與野生動物重要的原始荒野棲地。

公園裡的鱷魚主要為美洲短吻鱷。小鱷魚出生後，一兩年內會受到媽媽的照顧保護。

Everglades National Park ［ 荒 野 天 堂 ］

大沼澤 國家公園
Everglades

　　公元1845年，佛羅里達正式成為美國聯邦一州。早期殖民開拓者，將此州中南部的大沼澤視為無用之地，須加以排水填墾，始能進一步開發利用。1880年代，開發業者開始在大沼澤的水源心肺區——即鮑伯提到的奇斯米河與歐奇邱比湖周圍，有系統地開挖建造人工運河。1896年，大企業家費雷格勒（Henry M. Flagler）興建的鐵路直抵邁阿密，從1905到1910年間大規模開發行動，更將大片濕地填平，轉為農業用地。這些「新生地」促使土地行情一路暴漲上揚，鐵路完工之後更吸引許多人來此定居。

　　到了1920年代，南部市鎮如邁阿密、羅德岱堡、麥爾斯堡（Fort Myers）已欣欣向榮。從1900到1930年這30年間，此區人口從不到兩萬三，陡增至近23萬，足足十倍之多！愈多的人口遷至此區，開發業者便須挖掘更多的排水渠道，將濕地變成建築用地，以因應地區發展和居民用水的需求。還要闢建更多道路，提供更便利的交通環境。

　　為了能讓人們有良好的「海洋視野」，業者更進一步剷除沿岸茂密的紅樹林，改植各種棕櫚樹。經年累月下來，南佛羅里達這一大塊自然沼澤棲

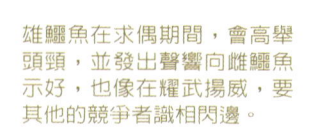

雄鱷魚在求偶期間，會高舉頭頸，並發出聲響向雌鱷魚示好，也像在耀武揚威，要其他的競爭者識相閃邊。

斬斷天然心肺，歷盡世紀滄桑

鱷魚平日通常是獨行俠，只有在求偶交配期間會成雙成對。

地便漸漸被運河、堤防、渠道、柏油路、農地、住宅區與各種建築物所取代了。

　　1926和1928年，佛羅里達南部遭受兩次強烈颶風蹂躪，歐奇邱比湖氾濫成災，前後共溺斃了2500多條人命，相當於台灣八八水災（估計有600多人死亡）的四倍之多。原本不適合人住的沼澤區，硬要填平開發為城鎮，也難怪死傷會那麼慘重。可人命關天，何況該區已有20多萬人口，也不可能要求當地居民遷移。

　　胡佛總統因此頒布聯邦防洪計畫，在歐奇邱比湖南岸加建一道長長的胡佛堤（Hoover Dike）。而這堤防一蓋起，等於斬斷了大沼澤與其心肺湖的自然通息。

Everglades National Park ［荒野天堂］

## 06

大沼澤 國家公園 Everglades

▶ 大沼澤之父

　　大沼澤真的堪稱命運多舛。1947年的強烈颶風再度在該區造成嚴重水患，迫使國會採取更大規模的防洪措施。1948年（蠻諷刺的是，就在國家公園成立的翌年）國會通過「佛羅里達中南部計畫」（The Central and South Florida Project，簡稱C&SF）。這原是一項具有多重目標的計畫，期能控制洪水氾濫，提供市區、工業與農業用水，防止海水倒灌，提供水源給大沼澤國家公園，保障魚類和野生動物資源。

　　在接下來數十年間，美國陸軍工兵團在此區建造1600公里的堤防，將近1200公里運河，還有將近200座控制水源的設施。

　　這麼「周密規畫」的大規模治水系統，確實發揮了區域防洪功能。然而原本的大沼澤也因此被切割得四分五裂，變成了一個農業區、三個水源保育區，以及一個國家公園。

　　一直到了數十年之後，人們才發覺整個南佛羅里達的

過了松林區,地勢變得開闊平坦,途中有塊牌示寫著「岩礁隘口」(Rock Reef Pass),海拔高度僅有0.9公尺。

　　生態體系──包括大沼澤和佛羅里達海灣,被防洪工程嚴重干擾而破壞了原有的平衡,造成始料未及的反效果。

　　想想,加起來達2800公里長的堤防和運河,有多長?台灣南北不過394公里,2800公里可以環繞台灣多少圈?大沼澤天然心肺的水脈等於被整個攔阻切斷,每天上億公升的清水,原本該流進大沼澤的,都被堤防堵絕,經由運河直接排放入海。缺乏賴以生存的生命源水,長久下來,大沼澤又如何能不漸漸死去呢?

　　當時捍衛大沼澤的環保運動,和南佛羅里達的急速成長,兩者是同

大沼澤 國家公園
Everglades

圖為林鸛未成年鳥，脖頸仍有羽毛。

時並進的。

　　回溯至1900年代初期。那時，因流行時尚的需要，羽毛價錢甚至超過金價。雖然老羅斯福總統在1903年將佛州鵜鶘島宣布成為第一座國家鳥類保留區，仍有眾多的鳥類棲地來不及被圈劃保護起來，濫捕濫殺風氣依然盛行。

　　美國最大的賞鳥環保組織之一奧杜邦學會（National Audubon Society），甚至自費雇員到各主要鳥類繁殖區負責看守，設法阻止羽毛商販毫無節制的獵殺行為。1905年7

月奧杜邦學會聘雇的棲地看守員布萊德利（Guy Bradley），卻不幸在值勤時被人射殺。鳥羽抵得上人命，可見當時偷獵者有多麼猖獗了。

1916年，民間環保草根力量匯聚成形，在佛羅里達婦女俱樂部聯盟（Florida Federation of Women's Club）的協助下，蛇鵜步道所在的皇家棕櫚州立公園正式成立，是南佛羅里達第一塊被圈護起來的濕地，後來成為「大沼澤國家公園」核心區之一。

然而大沼澤在日後所以能成為國家公園，厄尼斯·寇伊（Ernest F. Coe）公認是最重要的關鍵人物。

寇伊先生於1925年遷居大沼澤東側的邁阿密大城。經過幾次造訪，他發現這塊亞熱帶大沼澤生態非常豐富而獨特，也親眼目睹此區的珍禽異獸被濫殺、奇卉異草被濫採的現象，若不想辦法加以制止，很多當地特有的野生動植物勢將走向絕種一途。

1928年他創立了「熱帶大沼澤國家公園協會」（Tropical Everglades National Park Association），並到處奔走，積極展開政治遊說工作。國會終於在1934年通過「大沼澤國家公園」成立法案，卻因政府缺乏經費，無法收購國家公園預定區內的私有地。

這一拖，就過了12年。直到1946年第二次世界大戰結束後，佛羅里達州才獲得聯邦兩百萬美元補助，得以著手收購私有地。1947年，杜魯門總統正式簽署成立大沼澤國家公園，最初面積約18萬6000公頃，之後在1950、58、89年經數次擴增，而使今日面積逾60萬公頃。1976年，聯合國教科文組織將大沼澤列名為「國際生物保育區」（International Biosphere Reserves），並於1979年遴選為世界自然遺產。

國家公園成立四年之後，寇伊先生於1951年過世。他全心全力奉獻，以拯救南佛羅里達大沼澤為畢生職志的無私精神，使他贏得「大沼澤之父」的美譽。落成於1996年，在公園東邊入口的遊客中心便命名為

大沼澤 國家公園
Everglades

「厄尼斯・寇伊遊客中心」，就是為了紀念寇伊先生對此公園的終身貢獻。

大沼澤另一位獻身環保的捍衛戰士，是之前曾提過的道格拉斯女士。

「大沼澤是世上絕無僅有的。」道格拉斯女士在1947年出版的「草之河」書中這麼寫著。簡短幾個字，道盡了她對大沼澤的情有獨鍾與熱切摯愛。她還說了，大沼澤的未來，就是佛羅里達的未來；如果大沼澤死了，佛羅里達也將死去。

憑著一股堅定信念和勇氣，終生為大沼澤的保育與永續生存而奮戰不懈。她對寇伊先生推崇備至，曾說：「如

一望無際草之河，原住民稱之為多草的水。圖為海水與淡水交會地帶，可見紅樹林幼樹

果沒有他高瞻遠矚的視野、持續的熱情、堅忍的耐心與不曲不撓的意志，就不會有今天的大沼澤國家公園。」她自稱一生對抗的最大敵人，是半個多世紀以來在佛州南部到處挖渠排水、築堤開路，將大沼澤切割得面目全非的劊子手美國陸軍工兵團。

其實，「如何兼顧南佛羅里達的生態與開發」這棘手議題，在1970年代就引起廣泛注意，1983年佛州州長葛雷漢（Bob Graham）曾提出「拯救我們的大沼澤」計畫（Save Our Everglades），卻因地方力量有限，問題牽涉廣泛而錯綜複雜，加上各種土地利用的利益衝突，而未見成效。

道格拉斯女士於1998年過世，享年108歲。1999年，就在她過世翌年，陸軍工兵團完成厚達3500頁的生態重整計畫，並在2000年由布希州長與克林頓總統先後簽署了州政府與聯邦預算法案。道格拉斯女士若地下有知，她一生對抗的敵人陸軍工兵團在未來數十年將肩負起整治大沼澤的歷史重任，或能含笑九泉了。

▲ 圖為Black Mangrove形成的密林，此種紅樹主要分布於高潮汐區，圖中可見步道兩旁地面上伸出一根根如蘆筍般的呼吸根。

▲▶ 剛冒出的紅樹林小幼苗，俗稱「水筆子」，是造陸先驅。

Everglades National Park ［ 荒野天堂 ］

## 大沼澤 國家公園 Everglades

# 07

### ▶ 紅粉佳人，在水一方

在公園橫貫道路上，有一景點稱為「俯瞰多草的水」（Pa-hay-okee Overlook），沼澤上搭有400公尺長的木板步道，步道終點一座三公尺多的高台，可眺望四周「草之河」無垠無盡的荒野。沼澤的優勢植被是鋸草，葉兒細細長長，草底漫著一泓清水，清晰可見。這裡沒有松林，茫茫草野中，稀稀疏疏長著瘦削的落羽杉（Bald Cypress）。

經過公園中央一處稱為「桃花心木叢」（Mahogany Hammock），地勢依然空曠，卻漸漸出現了紅樹林的幼苗身影，零星佇立著，它們其實是造陸先驅，常孤軍奮戰開拓疆土。到了九里池（Nine Mile Pond）與西湖（West Lake）地區，沿途已是綿延茂密的紅樹林。鮑伯介紹的三大生態區，一一得到鮮明印證。

某天我們經過瑪拉茲克池（Mrazek Pond），見到岸邊停了一排車，一群人正拿著望遠鏡向遠方指指點點。我順著大家指的方向望去，瞥見對岸一個小小的粉紅倩影。

「啊，是粉紅琵鷺！」我驚叫一聲。尋尋覓覓了好幾

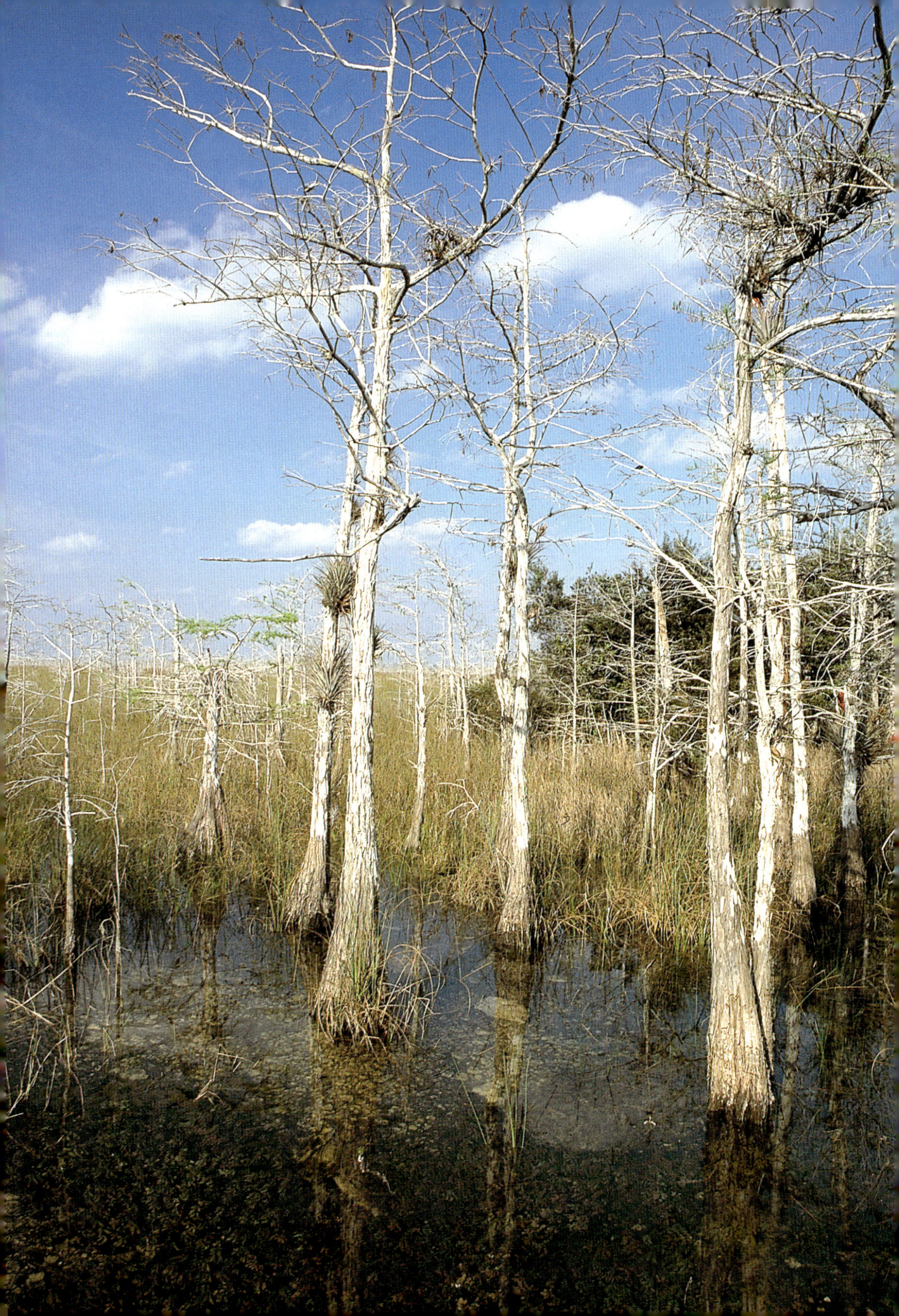

## 大沼澤 國家公園 Everglades

天，好不容易終於被我們看到了，這是我生平見到的第一隻粉紅琵鷺（Roseate Spoonbill），頓時感到興奮莫名。趕快拿起望遠鏡仔細瞧看，那嘴喙形狀長而扁，前端略寬，呈橢圓形，猶如琵琶的腹部，就跟黑面琵鷺一個樣兒。淺綠而裸露的頭部，眼睛和雙腳都呈紅色，像穿著一雙紅靴，和一身粉紅色羽翼搭配，顯得楚楚動人。

「蒹葭蒼蒼，白露為霜，所謂伊人，在水一方…」不就是這般情境的寫照麼？不過當時濃濃的晨霧已全然散開，那一身粉紅羽裳在陽光照耀下，猶如綻放的粉紅玫瑰，特別鮮麗奪目。

牠靜靜佇立遠方綠水中，美得出塵脫俗、靚麗絕倫。曾在野生動物園看到色彩豔麗而且體型更大的大紅鸛（Flamingo），卻未感受到這般興奮與心悸。或許因為被人類剪翼圈養的，雖然依舊美貌，在不自然的圈養環境中卻精神萎靡，缺少那麼一份遨遊天地間的自由靈性與傲視群倫的神氣吧。

琵鷺好群聚，通常會成群聚在海邊淺水區。然而我看那位紅粉佳人竟是獨來獨往，似乎不太對勁。用望遠鏡仔細尋覓，果然，在紅粉佳人身後樹縫間，隱約還隱藏著其他佳人。

可惜距離實在太遠了，而且從觀景窗望去的「三五成群」，數量實在太少，和我想像中的「成群上百」差了好大一截。

自從發現紅粉佳人之後，我們每天都刻意到此區尋覓琵鷺蹤影。某日清早，見瑪拉茲克池岸停了兩三輛車，岸

粉紅琵鷺色彩豔麗，身長約81公分，喙長而扁平，在淺沼中靠觸覺覓食。

邊卻無一人，池裡也沒半隻鳥。這現象有點兒反常，因為這條公路的車輛通常不會無故停靠路肩。正納悶著，見道路另一側有若干人影從密密的紅樹林裡鑽出身來。

「一定有東西，我們也鑽進林子裡瞧瞧。」和文堯揹起相機腳架，躡手躡腳，雙雙彎身鑽入幽暗的林裡。

紅樹林真是名副其實的「黑森林」，樹枝有如盤根錯節，天羅地網鋪蓋下來。輕輕撥開纏密糾結的枝葉，小心翼翼地彎腰前進，兩腳踩著

Everglades National Park ［荒野天堂］

大沼澤 國家公園
Everglades

陰濕黏稠的泥濘，背上還馱個相機背包，四周濃蔭黝暗不見天日，很有印第安納瓊斯在熱帶叢林探險的味道。

舉步維艱，寸步難行。因為泥沼中還布滿了殘枝斷根，走沒幾步，一不小心就踏到，發出「喀喇」一聲脆響，反被自己嚇到。驚得屏氣凝神，片刻不敢輕舉妄動，就怕還沒發現任何動物，就先把林裡所有鳥類都嚇光了。

不知過了多久，驀然發現，就在前方不到百公尺的密密樹叢中，竟有一塊透天的開闊沼澤，一群粉紅影子在林隙池間不時婀娜移動著。

「哇，真的有好多琵鷺耶！」我如獲至寶，開心地轉頭向文堯低聲說。

摒住氣息，緩慢伏身潛行。走兩步，停一步。密密枝葉反而成為天然偽裝網，漸漸地，我們離那群琵鷺愈來愈

在生態池畔的草地，翩翩蝴蝶輕巧停佇在綠葉上。

近。約不到30公尺處，我們停了下來，蹲身藏在樹縫間用長鏡頭靜靜觀察拍攝。

從沒這麼近距離地觀察琵鷺，多麼漂亮又奇特的鳥啊！頭部裸皮帶點兒淡綠，胸腹有著白羽，玫瑰色的兩翼渲染著鮮紅翅斑。牠們果然像黑面琵鷺一樣喜愛群聚，沒有上百也有六七十隻，集體涉足於退潮的淺沼中，用長而寬平的扁喙在水中左右韻律有致地來回擺動。牠們覓食方式像林鸛一樣，用喙的觸感捕捉淺水中的小魚小蟲。

我們還發現附近有不少大白鷺和白鸛（White Ibis，又稱白朱鷺）。後者是琵鷺近親，長長的尖喙略為下彎而非扁平，喙與腳呈鮮紅色，外型也很優雅別緻。

躲在樹後，觀察了將近一小時，兩腳蹲得有些痠麻，卻絲毫不想離開。琵鷺剛開始似乎感覺有異，懷著戒心離得我們遠遠的，後來可能漸漸習慣了，竟慢慢向我們這邊靠攏過來。

「再近一點，拜託，請再近一點……」我心裡暗自祈求，這樣才能照到很大的特寫。

多希望能這麼一直觀賞林中琵鷺之美。可惜好景不常，右側不遠處，突然冒出一個大肚中年男士，就這麼從林子另一頭鑽出來，一手拎著相機，兩腳浸踏水中。如果不肯躲在樹後，安靜原地不動也就罷了。不可思議的是，他居然大模大樣地，逕往林中沼澤的琵鷺群走去。

咦，難道他竟會笨到，不知道需要一個偽裝網帳把自己給隱形，才能站到鳥的面前拍鳥嗎？

還來不及出聲制止，他在水中一舉步，發出「嘩啦啦」一連串響亮水聲，眼前鳥兒倏乎振翅，立刻驚嚇高飛。他才沒走兩三步，池中所有的琵鷺白鷺白鸛，一下散光，全消失不見了。

看得實在讓人生氣。「STUPID！」我忍不住用英文罵了一句。

大沼澤 國家公園
Everglades

白䴉，身長約64公分，用長而略彎的紅喙探入泥沼，和琵鷺一樣靠觸覺覓食。

　　他側過臉來，還一副很無辜的表情。把用餐的鳥兒一股腦兒全嚇走了，怎麼會有這樣愚蠢無知又缺德的人？我怒瞪他一眼：「笨蛋！」再補上一句中文。

　　琵鷺似乎生性很害羞，記得在七股看黑面琵鷺，也

一小群白鷺 飛翔於半空中。大沼澤的鳥兒種類雖多，數量卻不太多。

是要隔著老遠觀賞。雖然和林中這群美麗的粉紅佳人邂逅僅短短不到一小時，仍十分慶幸，能這麼近距離觀察牠們的容貌舉止。那是我至今見過，最令人心動的水鳥了。

Everglades National Park ［荒野天堂］

大沼澤 國家公園
Everglades

## 08
▶ 人為操控水文，擾亂生態平衡

公園橫貫道路盡頭是大紅鸛遊客中心（Flamingo Visitor Center），附近有座生態池（Eco Pond），雖位於海岸附近，卻是淡水池，比台北的大安森林公園的生態池大約三四倍。沼池的中央是座天然樹島（Tree-Island），長著蓊鬱蒼翠的闊葉樹叢。池畔搭著木造瞭望台，讓人欣賞池澤風光。

我們常沿著環池步道，邊走邊拍攝沿途的池畔風光。沿途可見鱷魚如雕塑般趴躺在池岸曬太陽，各式水鳥在偌大池裡覓食。除了各種鷺鳥，常見的還有綠頭鴨、尖尾鴨、紅冠水雞（Common Moorhen）、美洲白冠雞、黑頸長腳鷸（Black-necked Stilt）等。

較少見的是斑嘴巨鷺鸊（Pied-Billed Grebe），白喙上有個黑圈，覓食時整個身子沒入水中。之後浮上水面，就在我們面前大方洗澡，恣意拍濺水花，很可愛。而雄赳赳的佛羅里

闊葉叢林（Hardwood Hammock）分布於松林區或沼澤區的突起高地，生態自成一格，有著迥然不同的熱帶景象。

❶從觀望塔往南眺望鯊魚河沼廣闊的景致，圖中近處，便是由闊葉叢林織成的一塊「樹島」。
❷有著紅喙的紅冠水雞，此鳥在台灣是普遍留鳥，身長約36公分。
❸斑嘴巨䴉鷉身長約33公分，主要特徵是白喙上有一圈黑環。
❹盤踞枝上的佛羅里達赤膀鷹，其胸腹顏色較北美其他地區來得淺，是公園常見猛禽之一。

Everglades National Park [ 荒野天堂 ]

一隻黑剪嘴鷗正表演精彩覓食動作,身子幾乎貼著水面飛行,下喙如杓子般探進水面。此鳥身長約46公分。

達赤膀鷹（Florida Red-Shouldered Hawk）,名副其實有著褐紅肩翼,牠站在樹叢間,回首看著我們,那銳利眼神和綽約英姿,真是迷人。還曾見一隻魚鷹（Osprey）盤旋空中,瞬間俯衝疾下,迅速飛起之際,尖銳鷹爪已自水中抓起一尾大魚。捕魚功夫之厲害,難怪被稱為魚鷹！

最有趣的是黑剪嘴鷗（Black

在海灣附近常可見到魚鷹,圖中魚鷹左腳爪正緊抓一魚。

Skimmers）就在面前表演精采的飛行覓食動作，身子幾乎貼著水面，從這頭到那頭來回飛行，且速度相當快，這樣也能找到食物？仔細看，原來牠的下喙比上喙稍寬長些。飛行時，便將杓子般的下喙探進水中覓食，猶如蜻蜓點水，體態之輕巧敏捷令人驚異。

　　這片生態池的鳥類其實很豐富多元。若要說讓人覺得有什麼不太對，大概就是每種鳥類數量並不多，不像我們在阿帕契之林保護區所看到的那般壯觀。

　　某天午后，見遊客中心旁的岸邊聚著一群人。湊上前去，原來是公園解說員泰德正在上解說課，他頭髮比鮑伯還要花白些，解說內容是大沼澤沿海紅樹林生態特色，已講到一半了。

　　紅樹林台灣也有，並不陌生，本想走開，卻聽他開始談論公園「水」的議題：「大沼澤特有的乾濕季節輪替和生態體系有著密切關係，像琵鷺、林鸛的築巢繁殖期就是典型例子……」這幾句話吸引我的注意，繼續駐足聆聽。

　　原來大沼澤年降雨量平均近1500公釐，濕季始於5月下旬或

圖為生態池（Eco Pond），近處有一鱷魚泡在池裡涼快，遠處綠叢為池中的樹島。

Everglades National Park ［荒野天堂］

塔米阿密道路，即41號公路，是一道加高的堤防，沿途共蓋有四座攔水壩，截斷了自北而來的天然水源，過去數十年公園的給水均由人工操控。

6月，持續到11月間，全年雨量約有八成是落在這幾個月中，尤其是颶風帶來的豪雨。

從11月底到翌年4、5月則是乾季。降雨少加上蒸發，沼澤逐漸乾涸。一些水鳥如琵鷺和林鸛，便是在濕季結束、土地逐漸乾涸之際開始築巢。

「此時河沼變淺，魚類集中而易捕捉，鳥兒能很快取得足夠食物來哺育雛鳥。數星期後當雛鳥長大離巢時，

濕季還未開始，沼水仍淺，雛鳥也容易找到食物，存活率就相對提高了。」聽泰德詳細說明，我才恍然大悟，原來大沼澤的水況和鳥類育雛的成功率，兩者是這麼密切相關著。

不過，經過這半個多世紀以來，人為操控水文擾亂了生態平衡，今日的大沼澤已不是這麼回事了。

「如公園北邊41號公路本身便是一道加高的堤防。運河堤防等洪水整治工程，整個截斷大沼澤從北而來的天然流水。」泰德指出。

全部水源由人工操控的結果，是在乾季時，大都市與大沼澤「爭水」，水源被轉去供應都市數百萬人口的用水，致使原來就缺水的公園，更加乾旱。到了濕季，又將高漲的水過量導入，讓已經淹水的公園，更加氾濫，不但直接擾亂了「乾濕季」週期性輪替的自然生態平衡，也間接改變了佛羅里達中南部濕地、河沼、海灣等區的水文環境。

原本好好的繁殖棲地被搞成這樣，不是鬧旱就是氾濫，試問，鳥兒們又如何能成功哺育呢？

經過了半個多世紀，公園仍默默承受各種的「水問題」，不單單是「患多寡」的水量問題，還有「患不均」的水分配問題，以及「適時與否」的供水時機問題。此外還有「患污染」的水質問題——如上游農地排放過養的灌溉用水，造成水

路邊警告牌示——接下來兩英里是佛羅里達豹（Florida Panther）出沒地區，需減速慢行。目前在公園內的野生豹可能剩不到30隻，是瀕臨滅絕動物。

Everglades National Park ［荒野天堂］

## 大沼澤 國家公園 Everglades

質優養化，破壞了下游濕地與沿海藻類生態，使佛羅里達海灣的海草大片死去，並導致魚蝦大量減少。而食物鏈環環相扣，沒有足夠魚蝦當食物，鳥類當然也跟著大量消失了。

更糟的是，不明的污染源，使所有層級的食物鏈都發現含有過量的水銀毒質。種種的水問題，造成了海水入侵、水污染、棲地遽減等。長期惡性循環下，該區生態環境嚴重惡化，當地動植物直接受到衝擊，尤其是涉禽類數量僅存不到原來的十分之一。

「1960年公園裡有2500對的林鸛築巢孵育，到了1987年僅存250對，」泰德正色說：「林鸛已在1984年被列入聯邦的瀕危物種名單中。不僅涉禽類數量至少已減少了90%，野生動物如海牛與佛羅里達豹均在滅絕邊緣。今日公園裡至少有68種的動植物瀕危或面臨絕種……」

天啊，至少已減少了90%，只剩不到一成？！難怪我總覺得這國家公園雖然鳥類品種算多，數量卻比想像的要少許多。

1993年，聯合國正式將大沼澤國家公園列為「瀕危的世界遺產」。美國內政部在同一年成立「南佛羅里達生態重整特遣隊」（South

公園北邊落羽杉國家保育區遊客中心陳列一隻佛羅里達豹的標本（Florida Panther），這隻豹幾年前在41號公路上被汽車壓死，只有一歲多。

空曠遼闊的草之河，黃昏時晚霞滿天的情景。

Florida Ecosystem Restoration Task Force），成員囊括聯邦、州政府、地方郡縣市鎮，乃至原住民代表。但解鈴還需繫鈴人，國會在1996年督促陸軍工兵團重新檢視昔日那份「佛羅里達中南部計畫」，要求該單位籌策一套重整方案來挽救國家公園面臨的困境。陸軍工兵團在1999年提出生態重整計畫（即CERP），2000年由聯邦和州政府簽署通過預算案，自2003年採取實驗性的整治，並從2006年開始全面重建。

　　大沼澤面臨的諸多問題，泰德如數家珍，而所有問題，都跟「水」有關。最後他也提到已經立案通過的重建計畫：「預計需花費78億美元，超過30年的時間才能完成。這是全世界有史以來耗資最鉅的生態重整計畫。」

Everglades National Park ［荒野天堂］

## 大沼澤 國家公園　Everglades

# 09

▶ **史上耗資最鉅的生態重整計畫**

　　公園共有五座遊客中心，除了東邊入口的厄尼斯‧寇伊遊客中心、皇家棕櫚遊客中心、公園橫貫道路終點的大紅鶴遊客中心之外，還有北邊41號公路上的鯊魚谷遊客中心（Shark Valley Visitor Center），以及西北端的灣岸遊客中心（Gulf Coast Visitor Center）。

　　我們來到公園北邊鯊魚谷，搭乘園方提供的電車解說團（Tram Tour）深入草之河的核心荒野區。來回車程24公里，兩個鐘頭的行程。隨車公園解說員克莉絲汀開宗明義解釋了，鯊魚谷之所以稱為鯊魚谷，並非這塊河沼裡真有鯊魚，而是河沼的下游沿海有鯊魚出沒之故。

　　電車緩緩前進，盡量避免驚擾草澤裡的水鳥涉禽。克莉絲汀沿途介紹了鋸草河沼的特殊生態環境，指出鯊魚河沼（Shark River Slough）這一大片鋸草沼澤，就地理位置而言，正位於此國家公園的心臟地區。最記得她說，短吻鱷在此區所扮演的重要角色，牠們在乾季來臨前，會先向下挖掘一處沼窪，稱為「鱷魚穴」。到了乾季，分散各處

的鱷魚穴便成為一潭天然貯水綠洲，成為魚類集中之處，並吸引各種鳥類前來覓食。

　　鱷魚只要守著沼窪，就能有充足的食物來源，同時也能幫助其他動物順利度過乾旱。這是一種互惠共生關係，藉此得以維持河沼自然生態的平衡，短吻鱷因而被稱為「大沼澤的看守者」（"the Keeper of the Everglades"）。最後，她也不忘提到長達30年的大沼澤重整計畫。

　　之後我們來到公園西北端的灣岸遊客中心，搭乘一個半小時的公園觀光船艇，探訪當地「萬島嶼」（Ten Thousand Islands）和沿海原始的紅樹林區。藍天白雲，徐徐海風輕拂，遊艇啟程，剛開始遵守一定速限慢慢行駛（怕不慎撞到淺水處的海牛），直到駛向湛藍大海中，才開始漸漸加速。

　　我不禁想到了台灣西沿海的中華白海豚。牠們在淺海處，是否常因為漁船或商業船隻速度過快而不慎被撞傷呢？

美洲短吻鱷在乾季時會挖「鱷魚穴」，被稱為「大沼澤的看守者」。

Everglades National Park ［荒野天堂］

大沼澤 國家公園
Everglades

想著想著，來到了海水較深處，船長兼公園解說員唐納竟真的發現了一隻海豚，問大家想不想欣賞一下海豚表演？

我東張西望，茫茫大海，哪有什麼海豚呢？是不是一見到船就被嚇跑了？

只見遊艇猛一加速，船尾激起了白花花的浪。驀地，真從海中迸出一隻可愛的海豚，緊緊尾隨遊艇後，一路活蹦蹦地，在白色浪花中翻身跳躍，樂此不疲。看得大家好開心，忍不住拍掌喝采。

我在海洋世界看過海豚表演，卻從來沒看過大海中的野生海豚，就在自己身後咫尺之距這麼自由暢快地「即興表演」，還如此生動精采！

「不知為什麼，有些海豚特別喜歡跟隨船尾的浪花玩『衝浪』。」唐納邊笑邊解釋。約莫玩了十來分鐘，海豚好像還意猶未盡。怕牠玩得太累，等大家看得過癮，船速便漸漸減慢。船尾浪花沒了，海豚也就沒入海中Bye Bye了。

唐納一路談笑風生，用麥克風介紹沿海紅樹林自然生態以及水的危機之後，結尾並不忘重述一遍大沼澤「生態重整計

公園西北端的灣岸遊客中心有萬島嶼觀光船，圖為船長兼解說員唐納負責生態導遊。

畫」。長達30年將耗資78億,我都快倒背如流了。

每個遊客中心、電車團、觀光遊艇都提供公園解說課,我卻在無意間上了整整三堂半的課。再三教育的結果,連我這個外地人,在愈來愈了解、喜歡大沼澤的自然生態後,對於眼前無法看到的種種潛在危機,也愈來愈感到憂心。

萬島嶼位於裘可洛斯基海灣(Chokoloskee Bay)附近,也劃入國家公園。此海域有不少野生動物,運氣好的話可看到海豚。

Everglades National Park [ 荒野天堂 ]

## 大沼澤 國家公園 Everglades

而「有史以來耗資最鉅的生態重整計畫」，這句話我前後至少聽了四遍。根據官方資料，如果以2007年10月的幣值來估算，大沼澤生態重整計畫所需經費，實已漲至95億美元——相當於3000億新台幣！

「如果連在美國的珍貴世界遺產，我們都無法善盡職責保護，那我們又如何能要求、期待那些較貧窮的國家，努力保護他們的雨林以及其他重要的生態體系呢？」美國奧杜邦學會現任總裁菲力克（John Flicker）曾這麼疾聲呼籲。

可不是麼，當今全世界的人都在看，就像我們的黑面琵鷺，這實在攸關國家的顏面問題。何況美國還自詡為非常重視生態保育與永續議題的先進強國，這個臉，怎麼丟得起？

陸軍工兵團所提出的生態重整計畫，針對未來的佛羅里達中南部和大沼澤的水資源修復、守護、和保存提供了總體架構和指導方針，範圍涵蓋16郡縣，達四萬七千平方公里——比台灣總面積（約三萬六千平方公里）還來得大！

此計畫包括68項大大小小工程，其中最主要的工程，是將撤除380多公里長的運河與堤防，讓天然流水注入大沼澤，並將挖鑿上百座達300公尺深的人工水井，來貯存目前每天被排放入海、上億公升的水，以供應乾季時數百萬居民的用水需求。

此外還將開闢「濕地緩衝帶」，以濾除農地優養化的灌溉用水，避免其直接流入大海。此項重整計畫的最終目標，是要改善大沼澤水量、水質、供水期、水源分配，全面提升南佛羅里達都會區及大沼澤的水況，以獲致雙贏的

結果，因此受到各方支持。

　　瀕危的大沼澤雖已漸有起色，但最後能否被挽救甚或回復原狀，卻見仁見智，仍是個未知的問號。

　　負責大沼澤生態重整計畫的科學家，沒有任何一位敢拍胸脯保證，這樣大規模的計畫一定能成功。即使今日國家公園所涵蓋的沼澤區，面積只是昔日「大沼澤」的五分之一而已。

　　「今日大沼澤已有名無實了，她看起來也許仍像個大沼澤，但她已完全失去大沼澤的功能……大沼澤現在等於是靠人工呼吸器在苟延殘喘著。」南佛羅里達水管局資深生態學家歐登（John Ogden）便很坦白說道：「其實我們對大沼澤的所有了解，幾乎完全建立在她生態體系被擾亂之後所收集的資料上，因此我們並不知道她『原來的正常體系』應該是什麼樣子，換句話說，我們只能把重整計畫建立在一組假設的預測結果上。」

　　再者，重整計畫長達30年，南佛羅里達人口也將一起成長。今日此區人口約600萬，每天平均增加900人；而每年來此度假人口甚可多達3900萬人，其中約有1200萬人趁「乾季」（也就是老天爺的供水量顯著降低時）光臨此地。

　　何況，不像阿帕契之林地處偏僻，大沼澤國家公園就在邁阿密大城附近，僅約20分鐘的車程。而整體來說，南佛羅里達的人口增長率僅次於加州、紐約和德州，可見此區承受著多麼巨大的人口壓力。按目前人口成長率來看，到了2050年該區人口將超過1200萬，在這股趨勢下，到時人們與大沼澤「爭水」現象有可能會全然消失麼？

　　即使生態重整計畫真能如期順利完成，人口增加所需的日常用水，以及伴隨著各種人為開發所可能產生的環境污染，難道不會對大沼澤的未來造成威脅？

## 大沼澤 國家公園 Everglades

# 10

▶ 錯過最初的美麗

在灣岸遊客中心附近有塊告示牌，上面用粗體字寫著大大的一行字「歡迎黑剪嘴鷗回來！」（**Welcome Back Skimmers!**）

我被那標題吸引，走進仔細一看，標題底下密密麻麻幾行字，竟是公園巡守員寫給黑剪嘴鷗的信。全文如下：

我們很高興你們再度選擇來到灣岸遊客中心和我們一起過冬。（**We're happy that you have once again chosen to winter with us at the Gulf Coast Visitor Center.**）

一定是因為我們的公園遊客知道：（**It must be because our park visitors know:**）

· 在你們休息區附近要保持安靜。（**To remain quiet near your resting area.**）

· 不做任何出其不意的動作。（**To not make any sudden movements.**）

· 不向你們丟擲任何東西。（**To not throw anything at you.**）

在灣岸遊客中心附近碼頭午休的一群黑剪嘴鷗。

　　訪客了解你們白天來此休息不會受到打擾，不會有危險。我們保證，一定會保持這地區的乾淨和安靜，讓你們好好休憩。(**The visitors understand that you come here to rest undisturbed during the day, safe from danger. We promise to keep the area clean and quiet for your nap.**)

　　你們最大的粉絲，公園巡守員謹上

**Sincerely,**

**your biggest fans, the Park Rangers**

Everglades National Park ［荒野天堂］

## 大沼澤 國家公園 Everglades

　　這封別開生面的「公開信」，內容不但有趣而且令人動容。用這種「擬人化」的對談方式寫信給鳥兒，把鳥兒放在與人平等的位置，其實是在間接提醒訪客對棲息鳥類的尊重，不啻為一種很有創意的公眾教育。尤其是最後的署名，還註明是「最大的粉絲」，讓人印象特別深刻。這裡的公園巡守員一定對此鳥愛到骨子裡去了。

　　或者是因為，黑剪嘴鷗曾消失一段好長的時間，難得一見。待牠們終於又出現時，說什麼也要留住牠們，別讓牠們再度消失了？

　　那麼，是不是意謂著公園的生態環境，在近幾年不斷努力重整下，有漸漸回復的趨勢，已經慢慢好轉了呢？

　　答案是肯定的。

　　即使困難重重，讓人慶幸的是，在2007年6月大沼澤已自「世界瀕危自然遺產」的名單中正式除名，顯示生態重整計畫確已發揮若干成效。聯合國教科文組織並在公告中，肯定美國為了讓大沼澤恢復原狀，所投注的大量科學研究與財經資源。

　　就在前不久，陸軍工兵團更發布一項重要消息，在2009年9月28日已和當地工程公司簽約，將花費8100萬美元，把公園北邊的道路堤防「塔米阿米道路」（即41號公路）其中的1.6公里路段，改建為橋樑。此舉將去除最關鍵的一段堤防障礙，使北邊的天然水源能往南流入國家公園，讓大沼澤整個生態體系受益。工程將在2009年11月初正式動工，除了將堤防改建為橋樑，並將修整16公里長的路段，讓沿線運河的水能順勢流進公園。此工程將由內政

部撥出預算,預計完工時間是2013年。

後來我才注意到,原來塔米阿米道路早在1920年代就完工通車,連接了南佛羅里達東西兩大城市邁阿密和坦帕(Tampa)。但一直到數十年之後,重整部門官員才認定這條道路對大沼澤的健康,造成了嚴重威脅和難以彌補的損害。而國會在1989年通過了「大沼澤國家公園保護和擴張法案」,其中主要內容便是要改善塔米阿米道路對大沼澤所造成的負面水文和生態影響。

「在內政部和國家公園工作同仁不停努力了整整20年後,終於可以讓更多的自然源水流入大沼澤了,」南佛羅里達生態重整特遣隊的現任主席史翠克蘭(Tom Strickland)說:「這是大沼澤重整史上偉大的一

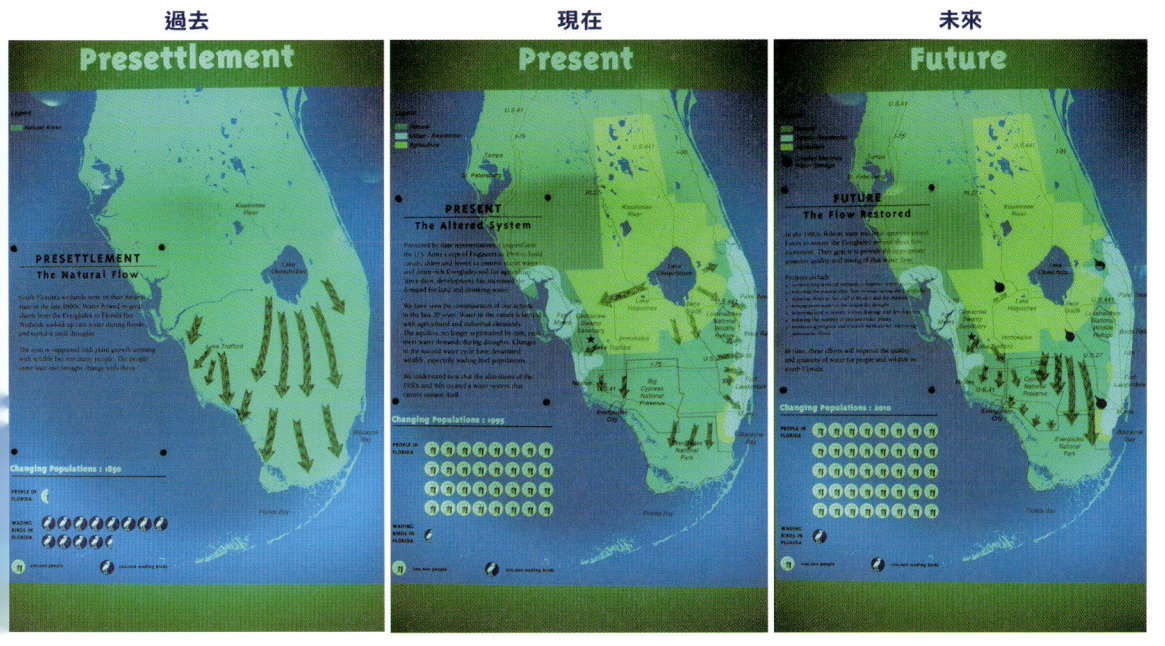

大沼澤自然水文的過去、現在、與未來

Everglades National Park [ 荒野天堂 ]

## 大沼澤 國家公園
Everglades

天……將為未來大沼澤生態體系健康的回復，奠下堅實的基礎。」

從1989到2009，真的是整整盼了20年，才盼到這一刻！

可以想見，這項橋樑計畫，等於開了一道天然流通的門，勢將顯著增加大沼澤水源流量和自然的流速。正如大沼澤國家公園現任處長金寶（Dan Kimball）所說：「這橋樑和道路整建計畫，不僅能供應公園內特有野生動物和植物所迫切需要的水，並能對整個大沼澤的生態重整造成更大的裨益。」

萬事起頭難，這開始的一小步，或許正是日後邁向成功的一大步。

在愈來愈了解這塊地方後，我終於明白了，何以大沼澤沒有嶔崎山峰或險峻深谷，仍能成為一座深具特色的國家公園，並在1979年繼黃石公園之後，大沼澤和大峽谷在同一年被聯合國教科文組織遴選為「世界自然遺產」，足見其自然生態之珍貴在美國名列前三名。因為，這片平曠草之河所孕育的豐富生命及其多樣性，足以媲美、甚至超越那些壯麗的山岳景色。

那飄逸曼妙的飛羽，原始清脆的鳴啼，都足以使我流連忘返。

而我所重複聽到的，卻一再強調眼前的水鳥珍禽，其實還不到大沼澤百年前十分之一的數量。

若未曾見過她最初始的美麗，又如何想像，自己錯過

飛行中的沙丘鶴。鶴被喻為「仙禽」，自古即是吉祥象徵。

的究竟有多少?

　　經過漫漫半個多世紀,大沼澤生態一度瀕臨崩潰,曾被視為全美「最岌岌可危的國家公園」。當初陸軍工兵團成功整治洪水,被人們當成英雄歌頌著,曾幾何時,他們卻成為扼殺大沼澤的元兇。最後不得不傾國之力,用上不知多幾倍的代價,才能彌補過去的錯誤,救贖昔日罔顧生態的開發罪行。

▲林鸛成年鳥,脖頸如一節木雕。目前此鳥數量已減少90%,被列為北美瀕絕物種。

▼白䴉身長約64公分,喙與腳呈紅色,覓食時將長而彎的喙戳探泥沼中,和琵鷺一樣靠觸覺。

Everglades National Park [ 荒野天堂 ]

## 大沼澤 國家公園
## Everglades

綠鷺身長僅45公分，覓食時常靜靜蹲伏等待。圖中綠鷺正咬到一隻小魚。

　　分明不適合開發的地方，抱著「人定勝天」的迷思硬要搞建設大興土木，只會留下無窮後患。類似大沼澤這樣的故事，即在今日世界各地都仍持續上演著，台灣不就是類似的翻版麼？

　　西部沿海填土闢建工業區，濕地消失，還飽受污染。台北盆地山坡不當開發，下大雨就山崩土石流。新中橫工程艱鉅，每遇地震颱風豪雨就坍垮不知幾回，又為何非建不可？小小關渡保護區吵吵嚷嚷十餘年，所幸沒胎死腹中，為台北留下「最後一片淨土」。21世紀初，正覺得我們的保育現況或已漸漸步上軌道，卻驚聞政府有意在珍禽黑面琵鷺的過冬棲地──台南七股蓋機場？又是怎樣的國土保育政策，讓台灣在遭受莫拉克颱風重創後，被衝下的沿海漂流木竟能綿延了將近一百二十公里長？

　　想像百年前被賦予「福爾摩沙」的美名，亞熱帶台灣島嶼的自然生態，其多元豐富性應同樣令人驚豔。然而就在無止境的追求經濟成長的迷思中，很多珍禽異獸，或許

在我們還來不及認識之前，就因原始棲地被破壞，而悄悄消失了。

若說我在大沼澤所看到的水鳥涉禽，僅存不到原來的十分之一，那麼，誰能告訴我，我現在所看到的台灣生態之美，究竟是她原來樣貌的幾分之幾呢？又有誰能給一個肯定的答案？

而要到什麼時候，台灣除了圈劃成立「生態保護區」，還能傾中央與地方之力編列天文數字的經費預算，由總統簽署一個長達數十年的「生態重整計畫」？

期待三、四十年後大沼澤，將是雙贏的局面，林鸛、佛羅里達豹、海牛都早已自瀕危名單中除名。我不禁想像著，一望無際草之河，浩瀚平野中萬鳥齊飛的景象；藍空中，有數不清的粉紅琵鷺迎風展翅，滿天火鳥撲朔迷離，構成一幅言語難以形容的絢燦美景。

自然之美，是沒有國界之分的。多麼希望，在有生之年，有幸目睹北美伊甸園往日令人心悸的風貌。

也許真有那麼一天吧。如果30年後，大沼澤生態重整工作宣告完成之際，我依然還活著……

黃昏時，人們在蛇鵜步道上，用望遠鏡欣賞沼澤飛羽風情。

Everglades National Park [ 荒野天堂 ]

❶白雛菊生長於公園濕潤草野區，一隻小昆蟲正爬在花瓣上。

❷褐鵜鶘在20世紀初曾被大肆捕殺，羅斯福總統最先保護的鳥類保留區，便稱為鵜鶘島。

❸常單獨行動的彩鸛（Glossy Ibis），分布於美東沿海，身長約58公分。

❹站在碼頭木樁上的笑鷗（Laughing Gull），因其叫聲有如笑聲而得名。

❺淡粉紅色的牽牛花常見於潮濕多水的沼澤旁。

❻沼澤區還可發現其他有趣動物，如圖中佛羅里達紅腹龜（Florida Redbelly Turtle）。

# 在大沼澤國家公園

你還可以看見……

## 何謂水質優養化（Eutrophication）？

「優養化」又稱「富營養化」，是由於人為活動增加（如灌溉施肥或日常洗衣等），釋放的廢水直接排入河川湖泊或海中所致。因為磷和氮是肥料、清潔劑的主要成分，在自然界中原為較稀有的成分，但這樣一來，等於將大量營養鹽注入水中，導致浮游生物大量繁殖和水體生態體系的急遽變化，致使水質嚴重惡化。

換句話說，水中高濃度的氮和磷通常會造成水質優養化，而水體優養化將促成藻類大量繁殖。藻類大量繁殖後，因光合作用和呼吸作用而造成水體呈缺氧的狀態，進而造成魚類等水中生物無法生存。而且藻類大量增生覆蓋水面，有時甚至將陽光全部遮蔽，造成底下植物及魚蝦死亡，水體也會產生惡臭。而動、植物屍體分解，也會消耗水中的氧，逐形成不斷缺氧的惡性循環。

沿海地帶當然也會受到優養化的影響，豐富的營養鹽促使海藻增生。當海洋的溫度、鹽度、養分、與日照狀況等因素有利於某些藻類生長條件時，這些藻類便會快速繁殖。數量龐大的海藻會大量吸收海水中的氧氣，在靜止海灣內或海水缺乏流動的情形下，使海魚或其他生物因缺乏氧氣而導致大規模死亡。有些藻類甚至會產生毒素，譬如佛羅里達沿海的"Karenia brevis"即含有毒素，會引起呼吸方面疾病而對海洋生物與人類健康造成威脅。1996年的海牛事件，佛羅里達海洋研究院科學家便在海牛的鼻道和肺纖維裡發現了該藻類毒素。科學家相信是由於人類經濟活動，把大量肥料與其他有機物排入大海，遠超過海水自身淨化能力而引起水體優養化，促使藻類爆發性繁殖所致。

## 米克蘇奇文化中心（Miccosukee Cultural Center）

今日仍散居在國家公園內的原住民，並非原來的提奎司塔或卡魯薩部族，而是米克蘇奇（Miccosukees）與瑪斯寇紀（Muskogees）部族，這兩族統稱為席米諾斯族（Seminoles）。他們祖先原本居住在北邊的喬治亞與阿拉巴馬州，均屬克里克印地安部落聯盟（Creek Confederation）的支系，在18世紀時，為了逃避英國的殖民統治壓迫而紛紛往南遷移。

1819年，佛羅里達被讓渡給美國時，這兩支部族人口合計約5000人。因白人與印地安人衝突紛爭不斷，傑克森總統（Andrew Jackson）於1830年勒令執行一項很不名譽的

# 荒野 ✕ 天堂

「印地安遷逐政策」(The Indian Removal Act)，即在密西西比河以東的印地安人，均須全數遷移至密西西比河以西地區。這斧底抽薪之計，看起來不但可避免白人與印地安人之間更深的敵對，並可獲取垂涎已久的印地安土地。

很多原住民順從地屈服，遷往今日在奧克拉荷馬州的印地安保留區；有些席米諾斯族人，始終堅決反抗，他們節節往南撤退，深入佛羅里達南部落羽杉大沼澤區。美國官兵一路追逐，但礙於沼澤自然地形障礙，並缺乏對該區內陸的了解，追捕行動無疾而終。最後在此區僥倖殘存的原住民僅剩約150人，他們用落羽杉木柱做屋樑，用茅草搭蓋屋頂，種植玉米、瓜類，以獨木舟為交通工具，獵捕野生動物與魚類維生。百年來，他們在這裡找到了天然避難所。

1928年，橫貫佛州東西的塔米阿密道路完工通車，也使該區原住民隱居生活劃下句點。1962年，米克蘇奇族一支脫離了席米諾斯族，由聯邦政府正式承認為獨立自主的印地安部族。今日的米克蘇奇族大多沿著塔米阿密道路兩旁散居，另一支瑪斯寇紀族，則多分布於75號州際公路沿線的席米諾印地安保留區 (Seminole Indian Reservation)。目前原住民主要倚賴觀光業維生，但仍保持傳統語言與生活方式，享有行政自治的生活，以其獨特的文化與歷史為榮。

今日大沼澤國家公園的北界上，在鯊魚谷入口西側僅幾百公尺處，有個「米克蘇奇文化中心」。在此可看到米克蘇奇族以茅草為頂的各種傳統屋舍（原住民稱為"Chickee"），依功能不同而分為家居屋、炊事屋、編籃屋等，售有精巧的手工藝品。當地原住民並負責導遊，解說這個部族的歷史、文化特色、與基本生活技能，以及在過去百年來他們是如何適應這塊亞熱帶沼澤環境。村裡還養了數十隻的鱷魚供遊客觀賞，每天並舉行一場鱷魚鬥技表演。

還有一棟現代建築，是落成於1983年的博物館，陳列米克蘇奇族過去的人事物，包括珍貴的黑白歷史圖片，古舊的工具器物，鮮麗的傳統婦女服飾，手工細緻的編織品，還有若干當地野生動物標本。另有一小間藝廊，陳列著當地原住民繪畫雕塑等藝術作品，藉此傳承並發揚該部族的傳統文化。

文化中心附近有露天船 (Airboat) 載客深入草野沼澤區。這些觀光活動完全是由原住民經營，雖然規模不大，就某種程度而言，也算是嘉惠原住民的一種生態旅遊方式吧。

# 白海豚悲歌響起

Epilogue 後記

　　瑞秋‧卡森（Rachel Carson）被譽為20世紀影響人類與環境最重要人物之一，她在1962年寫了《寂靜的春天》，揭發DDT殺蟲劑的真面目。很難想像，當時她是處於怎樣一個環境：化學農藥的大量使用被視為先進無害，她的著作遭抨擊為妖言惑眾，危言聳聽。但不久事實便證明了瑞秋‧卡森是對的，她不僅及時拯救無數的鳥類、野生動植物甚至人類本身，並對20世紀下半葉的環保運動與生態保育政策造成巨大的深遠影響。

　　她任職美國漁業與野生動物署生物學家期間，在1939至1952年擔任主編長達13年。在其主持的「保育行動」(Conservation in Action) 一系列報導中，她在引言裡這麼寫道：

　　野生動物，就像人類，必須有個地方住。當人類文明創造城市，興建高速公路，排乾濕地的水，她也一點一滴地，將適合野生動物生存的土地取走。生存的空間縮小，野生動物數量也跟著減少了。為了抵擋這個趨勢，保護區拯救一些地方以防止人類的侵占，並藉著保存（或必要時予以重建）野生動物所需的生存條件，好讓牠們能繼續活著。

（Wild creatures, like men, must have a place to live. As civilization creates cities, builds highways, and drains marshes, it takes away, little by little, the land that is suitable for wildlife. And as their space for living dwindles, the wildlife populations themselves decline. Refuges resist this trend by saving some areas from encroachment, and by preserving in them, or restoring where necessary, the conditions that wild things need in order to live.）

然而瑞秋・卡森向「文明人類」所呼籲的「保存甚或重建野生動物的生存條件」，在半個多世紀後的今日，似乎離台灣仍很遙遠。

就在2009年10月下旬，當大家為了政府放寬美國牛肉進口，輿論沸沸揚揚之際，我注意到台灣環境資訊中心另一則消息：上千民眾於10月25日齊聚彰化縣芳苑鄉普天宮前，共同撐起繪有白海豚圖案的白傘、紅傘，排列成「白海豚SOS」圖案。這項由台灣環保聯盟主辦、彰化縣環保聯盟承辦的「救在彰化海岸千人守護活動」，是為了表達反對高耗能、高耗水和高污染的國光石化和中科二林園區進駐彰化縣西南隅。

特別引人注目的，是環盟在「守護彰化海岸宣言」所提到的：「……彰化

海岸有全台灣最大的泥質潮間灘地，⋯⋯六公里寬泥質潮間灘地，是上天賜予守護彰化陸地的天然消波塊，⋯⋯三萬公頃泥質潮間灘地，是富饒生命的搖籃。」

我知道中華白海豚俗稱媽祖魚，在台灣屬於獨立族群，分

到台南七股過冬的台灣保育珍禽黑面琵鷺聚集於海邊濕地。

布於台灣西沿岸苗栗到雲林嘉義淺海。因填海造陸工程、截斷水源的攔河堰、污染水質的工業區、長期過度漁業行為與不當誤捕,目前總族群數量估計低於100隻(另一說僅存約70隻)。國際自然保育聯盟(International Union for Conservation of Nature,簡稱IUCN)已於2008年8月將台灣西海岸的中華白

Epilogue [ 荒野天堂 ]

後記 Epilogue

海豚族群宣告列入極度瀕危物種（Critical Endangered，CR等級）。

還有台大生命科學系教授周蓮香在2007至2008年多次的海上觀察研究，在台中大甲溪至彰濱工業區沿海目擊母子對白海豚共27對，她推測是重要的育幼棲地。

即使不是海洋生物學家，也看得出中部淺海水域對白海豚的繁衍生存有多重要。

環盟指出工業區開發將嚴重污染海域，影響中華白海豚的生存權，沿海漁業也將受到破壞，這些指控並非毫無依據。如果平日有在關心注意台灣環境污染現況，就不難發現台灣西沿岸的中華白海豚這麼多年來遭受什麼樣的生存威脅。

就嚴重污染海域方面，舉幾個著名實例。漁業署委託台大海洋所對新竹香山客雅溪口進行長期監測，在2004年發現香山綠牡蠣的銅含量過高，是國際平均值的40倍，其污染源除了新竹

◀夜鷺是台灣常見野鳥，台北大安森林公園就有很多。

▼展翅的綠頭鴨公鳥，身長約58公分，在台灣也很常見。

科學園區，還有三姓公溪沿岸的金屬、廢棄物處理業。受到重金屬污染，最後政府只能選擇放棄香山海岸。而華映、友達2001年在新竹縣霄裡溪源頭設廠之後，在上游陸續發生死魚事件；至今八年，原為甲級水質的霄裡溪發臭變色，廢水排放的七公里完全沒有魚類生存。

將鏡頭轉向彰化縣線西鄉，2005年6月傳出鴨蛋受戴奧辛污染，同年9月，隔壁的伸港鄉也爆出毒鴨蛋，主要污染源均指向彰濱工業區的台灣鋼聯。可能很多人不知道，台灣鋼聯的戴奧辛排放量是一般大型焚化爐管制標準的千百倍。而根據環保署戴奧辛調查報告，在鹿港採集到的小白鷺、夜鷺等留鳥體內戴奧辛濃度已超過標準20至40倍。

還有「鎘米」，彰化縣、台中縣、雲林縣、桃園縣都陸續傳出鎘米。第一起鎘米事件發生在1982年，桃園縣觀音鄉大潭村因高銀化工將含鎘廢水就近排進灌溉渠道，農地遭受污染所致。雲林虎尾鎮在2001年6月被檢驗出鎘米，污染源是台灣色料廠。即使該廠自1980年不再排放含鎘廢水，但之前排了12年的鎘水已進入灌溉體系沈積底泥。事隔20年，殘留污染還能產生鎘米，可見毒素不會自動淨化分解，只會傳遞和累積。

綠牡蠣、鎘米、戴奧辛，是台灣土地與海岸公害污染的鐵證。除非這些污染毒素都不會注入大海。但，可能麼？

何況台灣的河流特性是懸浮微粒多，會吸附廢水中的重金屬和有機毒物，再慢慢沉降於下游河口及近岸海域。當海域被污染，便會影響魚類生長繁殖，導致生態失衡和水產資源嚴重損失。如果沒有足夠食物，白海豚當然無法生存。

除了污染，建造工業區的工程如築堤、挖沙或填土造陸，都會造成棲地的破壞，導致沿海環境與漁場改變，進而影響白海豚的食物分布及其生存。而工程或船隻所發出的巨大噪音，不但嚴重影響白海豚聽覺，也會影響牠們正常的行為。

濁水溪口這片台灣最大的潮間帶泥質灘地，不僅對白海豚很重要，亦因處於東亞澳洲候鳥遷徙線上，是國際保育團體非常重視的重要生態區。然而她所面對的，除了將於2010年3月在大城海岸動工的八輕國光石化工業區，即將進駐

金翼啄木鳥身長約32公分，胸腹斑點是此鳥特色，圖為未成年鳥。

　　濁水溪中游二林鎮的中科四期（於2009年10月30日在環評大會有條件通過，廢水排放濁水溪或舊濁水溪均可，而非以「海洋放流管」延伸處理？）；還有將影響大杓鷸飛行的風力發電機具，以及造成棲地切割的西濱快速公路等。六十多公里長的彰化海岸，承受著我們想像不到的巨大開發壓力。

　　如果你說，有沒有中華白海豚並不重要，只要經濟成長就好。那麼你覺得，健康重不重要？

　　我們和白海豚都在食物鏈頂端，吃著同樣水產。你可曾想過，海洋被工業區污染，經過食物鏈的層層傳遞，毒性會逐漸累積在生物體內，使食用者中毒，造成病變。而這不只是沿海的白

海豚，也包括台灣島上的居民？

其實中華白海豚的存活，正是台灣海島健不健康的重要生態指標。因為沒有健康的山川土地，就沒有健康的海洋，就無法養育健康的中華白海豚，人民的健康也相對堪虞。如果白海豚數量一直減少，就代表環境不斷惡化，因此保護白海豚，等於是保護台灣居民自身的健康與生活品質。

過去十餘年來，香港與中國大陸為了保育中華白海豚，紛紛成立保護區。香港於1996年在中華白海豚主要活動區域成立沙洲及龍鼓洲海岸公園，中國大陸至2009年已在廈門市附近建立了中華白海豚國家級自然保護區，並在廣東省建立了珠江口中華白海豚國家級自然保護區。各保護區內均設有嚴格的法令來管制船隻的速度與密度、噪音及其他開發行為，以保護中華白海豚的棲地。那，我們呢？

有沒有可能，把台灣西沿岸的中華白海豚活動範圍劃為海洋保護區，禁止高污染工業區設在重要棲地？或者，這想法太不切實際，在台灣只是一則天方夜譚？

如不採取積極行動，從守護棲地開始，制訂再多的保育政策也是紙上空談，不是麼？台灣西沿岸的中華白海豚將很有可能繼中國長江白鱀豚之後，因為人類活動而絕種的海洋哺乳類動物。難道我們為了經濟發展不惜犧牲一切，就這樣眼睜睜讓白海豚自台灣西沿岸絕跡？

始終以為，對自然保育的態度，可代表一個國家的國格。

黑尾鹿（Mule Deer），是保護區較常見的野生哺乳動物。

# 後記 Epilogue

其實台灣長達1600多公里的海岸線，已有三分之二的自然海岸，被人工結構物如水泥堤岸、消波塊、港口、工業區所取代。

如果連「生態保護」都不可能了，還奢談什麼「生態重建」呢？

客居異鄉，心繫台灣。每每看到這類消息，想像台灣在經濟掛帥的鮮明旗幟下，自然荒野、原始山林、沿海濕地正被怪手一吋吋挖陷，搞得面目全非，總忍不住一陣揪心。

人類對於生態環境的錯綜複雜，通常是無知的，總要等到鑄下大錯，才設法開始挽救。既然無知，我們是不是更應三思而後行？

國光石化、中科二林園區完工後，空污、毒水增量驚人。開發濕地，建造高污染工業區，賠掉的不只是自然海岸，還有生態環境、水資源、空氣品質、沿海漁業，以及居民的健康與福祉。這已不是單純「拯救」或「保育」白海豚的問題，說到底，這是直接關係台灣人民自身的生命健康，應否為了眼前經濟成長，短視近利持續污染土地海洋並將殘毒留給後代子孫的問題。

更令人不解的是，現今社會豐衣足食，不再像從前那樣需靠犧牲環境來換飯吃。既然如此，又為何要拚命擴張高耗能、高耗水的污染工業？難道我們要為了短短不過幾十年的利益，出賣鄉土，出賣自然棲地，出賣特有的已瀕絕物種，讓僅存的重要棲地「一去不返」，永遠失去永續發展的可能？

「並非因為我們擁有什麼，使得國家變得偉大，而是我們用什麼方式來使用它。」（"It is not what we have that will make us a great nation; it is the way in which we use it."）老羅斯福總統在近百年前說的話，此時讀起來令人感觸更深。他還說了：

「我承認我們這一代有權利與責任去開發、使用大地的自然資源；但我並不認同我們有權利去浪費資源，糟蹋地使用，而

奪取後代子孫的權益。」（"I recognize the right and duty of this generation to develop and use the natural resources of our land; but I do not recognize the right to waste them, or to rob, by wasteful use, the generations that come after us."）

「任何事都沒有比這偉大的中心職務來得重要，那就是讓我們為後代子孫留下比現在更美好的土地。」（"There is none which compares in importance with the great central task of leaving this land even a better land for our descendants than it is for us."）

生態保育和經濟發展不必然是魚與熊掌不可得兼。難的是我們如何能在兩者之間權衡輕重，取得一個明智的永續平衡點，在保育和發展兩者中取得雙贏的可能。

祈祝百年後的台灣西沿海，依然看得到媽祖魚健康可愛的白色身影。

夕陽西下，晚霞被映得瑰麗，仔細看，池澤中央棲息著無數沙丘鶴。

**Conservation means the greatest good to the greatest number for the longest time.**

保育之意,是以最長遠的時間來看,為最多數的人做了最有益的事。
美國森林服務處首任處長吉佛德‧品邱特(**Gifford Pinchot**)

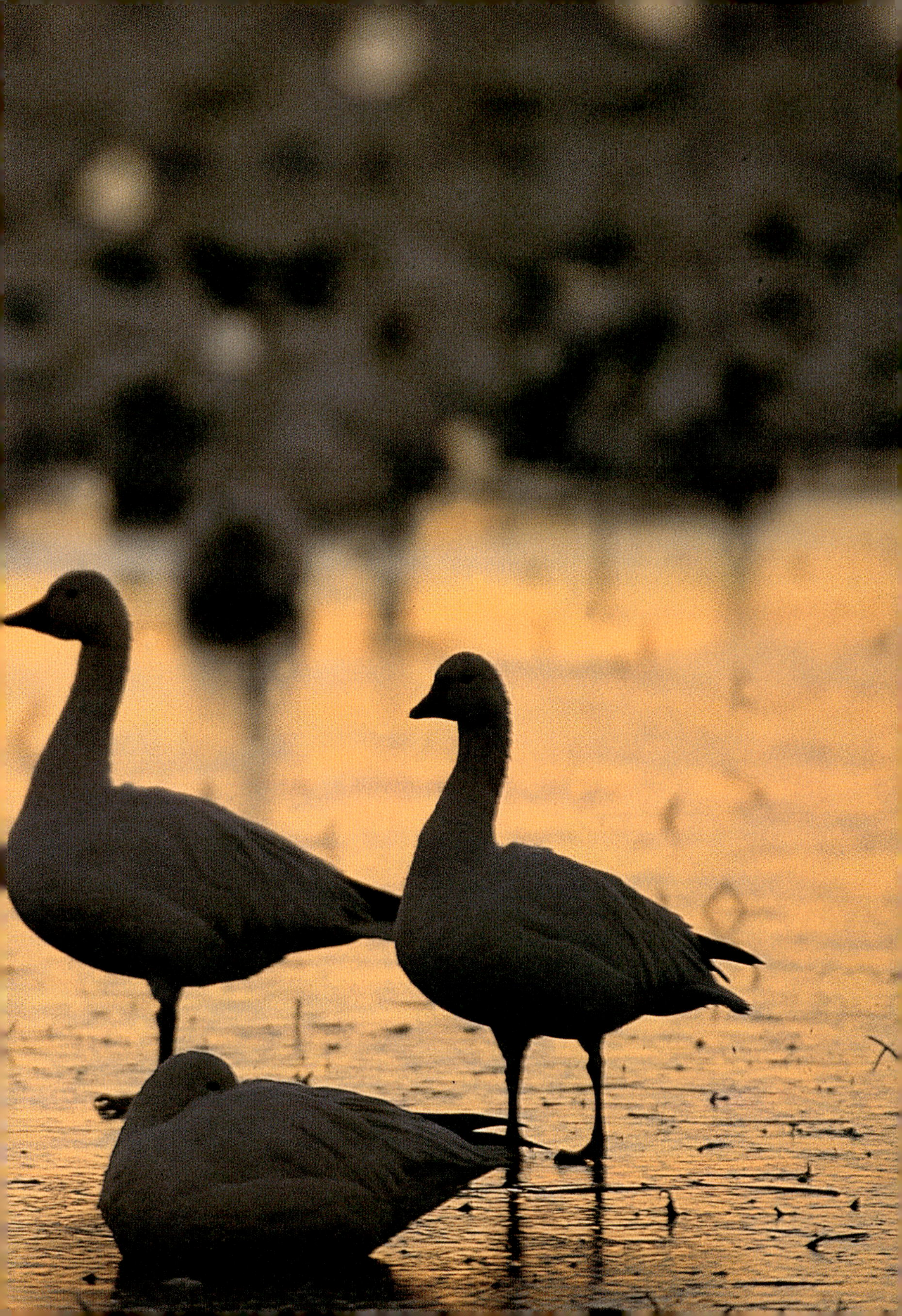

## 附錄‧一 Appendix

### 老羅斯福總統成立的聯邦野鳥保護區（Federal Bird Reservations）

1. Pelican Island（佛羅里達州Florida）March 14, 1903. Enlarged January 26, 1909
2. Breton Island（路易斯安那州Louisiana）October 4, 1904
3. Stump Lake（北達科他州North Dakota）March 9, 1905
4. Siskiwit Islands（密西根州Michigan）October 10, 1905
5. Huron Islands（密西根州Michigan）October 10, 1905
6. Passage Key（佛羅里達州Florida）October 10, 1905
7. Indian Key（佛羅里達州Florida）February 10, 1906
8. Tern Islands（路易斯安那州Louisiana）August 8, 1907
9. Shell Keys（路易斯安那州Louisiana）August 17, 1907
10. Three Arch Rocks（奧勒岡州Oregon）October 14, 1907
11. Flattery Rocks（華盛頓州Washington）October. 23, 1907
12. Copalis Rock（華盛頓州Washington）October 23, 1907
13. Quillayute Needles（華盛頓州Washington）October 23, 1907
14. East Timbalier Island（路易斯安那州Louisiana）December 7, 1907
15. Mosquito Inlet（佛羅里達州Florida）February 24, 1908
16. Tortugas Keys（佛羅里達州Florida）April 6, 1908
17. Key West（佛羅里達州Florida）August 8, 1908
18. Klamath Lake（奧勒岡州Oregon＆加州California）August 8, 1908
19. Lake Malheur（奧勒岡州Oregon）August 18, 1908
20. Chase Lake（北達科他州North Dakota）August 28, 1908
21. Pine Island（佛羅里達州Florida）September. 15, 1908
22. Matlacha Pass（佛羅里達州Florida）September. 26, 1908
23. Palma Sola（佛羅里達州Florida）September. 26, 1908
24. Island Bay（佛羅里達州Florida）October 23, 1908
25. Loch-Katrine（懷俄明州Wyoming）October 26, 1908
26. Hawaiian Islands（夏威夷州Hawaii）February 3, 1909
27. Salt River（亞歷桑納州Arizona）February 25, 1909
28. East Park（加州California）February 25, 1909
29. Deer Flat（愛達荷州Idaho）February 25, 1909
30. Willow Creek（蒙大拿州Montana）February 25, 1909
31. Carlsbad（新墨西哥州New Mexico）February 25, 1909
32. Rio Grande（新墨西哥州New Mexico）February 25, 1909
33. Cold Springs（奧勒岡州Oregon）February 25, 1909

34. Belle Fourche（南達科他州South Dakota）February. 25, 1909
35. Strawberry Valley （猶他州Utah）February 25, 1909
36. Keechelus（華盛頓州Washington）February 25, 1909
37. Kachess（華盛頓州Washington）February 25, 1909
38. Clealum（華盛頓州Washington）February 25, 1909
39. Bumping Lake（華盛頓州Washington）Feb. 25, 1909
40. Conconuily（華盛頓州Washington）February 25, 1909
41. Pathfinder（懷俄明州Wyoming）February 25, 1909
42. Shoshone（懷俄明州Wyoming）February 25, 1909
43. Minidoka（愛達荷州Idaho）February 25, 1909
44. Tuxedni（阿拉斯加州Alaska）February 27, 1909
45. Saint Lazaria（阿拉斯加州Alaska）February 27, 1909
46. Yukon Delta（阿拉斯加州Alaska）February 27, 1909
47. Culebra（波多黎各Puerto Rico）February 27, 1909
48. Farallon（加州California）February 27, 1909
49. Behring（白令海Bering Sea，阿拉斯加州Alaska）February 27, 1909
50. Pribilof（阿拉斯加州Alaska）February 27, 1909
51. Bogoslof（阿拉斯加州Alaska）March 2, 1909

**資料來源：**

Theodore Roosevelt, A Book-Lover's Holidays in the Open (New York: Charles Scribner's Sons, 1916).

除了上述51個聯邦野鳥保護區，老羅斯福總統還設立了150個國家森林區、5個國家公園、18個國家紀念地、4個國家狩獵保留區等。

官方網站查詢：Theodore Roosevelt Association
http://www.theodoreroosevelt.org/life/conFedBird.htm

### 旅行錦囊

**＊阿帕契之林國家野生動物保護區（Bosque del Apache National Wildlife Refuge）**

1. 此保護區位於新墨西哥州中部，附近最大城市是阿布奎基（Albuquerque）。從台北直飛舊金山或洛杉磯，再轉國內班機飛阿布奎基。該市住宿資訊請參考：http://www.itsatrip.org/lodging/default.aspx 或 http://www.cabq.gov/visiting.html

2. 從阿布奎基機場租車南下，走25號州際高速公路，約135公里到索科洛鎮（Socorro），續往南13公里，在139號出口（exit 139）往東接US 380道路到聖安東尼（San Antonio），轉舊1號公路（Old Highway 1）再往南15公里即抵保護區遊客中心。

3. 此保護區全年開放。入口設有收費亭，每輛車門票五塊美元，一日有效。

4. 保護區最佳賞鳥季節是在冬季，約從11月至2月。因位居內陸高原，海拔介於1300～1900公尺間，屬大陸性乾燥氣候，晝夜溫差極大。冬天偶會降雪，氣溫可降至零下，需準備足夠的禦寒衣物，如羽衣手套毛帽毛襪等。

5. 保護區內並無任何餐飲住宿或營地設施，最近的旅館是在其北方30多公里的索科洛小鎮。住宿資訊請參考：http://www.socorro-nm.com/ 或 http://www.friendsofthebosque.org/aboutother.html#lodging

6. 每年11月中旬此保護區會與當地民間組織「阿帕契之友」（The Friends of The Bosque del Apache National Wildlife Refuge）合辦「迎鶴節」（Festival of the Cranes），2009年是第22屆，活動詳情請見：http://www.friendsofthebosque.org/crane/AllEvents.html

7. 保護區其他相關資訊查詢電話（575) 835-1828；網站：http://www.friendsofthebosque.org/ 或http://www.fws.gov/southwest/refuges/newmex/bosque/

# 荒野 × 天堂

**＊ 大沼澤國家公園（Everglades National Park）**

1. 此國家公園位於佛羅里達半島南端，附近最大的城市是邁阿密（Miami）。從台北直飛舊金山或洛杉磯，再轉飛邁阿密國際機場。該市住宿資訊參考：http://www.all-hotels.com/usa/florida/miami_area/miami/home.htm
或http://www.hotelclub.net/hotel.reservations/Miami.htm

2. 從邁阿密機場租車前往，到國家公園東邊的佛羅里達市（Florida City）約40多公里，半個鐘頭車程。走836號公路，接佛羅里達付費快速道路（Florida's Turnpike）往南，再接9336號道路向西，便能抵達國家公園入口。沿途均有路牌標示。若要到公園北邊鯊魚谷或萬島嶼地區，則從機場直接走41號公路。

3. 公園全年開放。公園道路東邊入口設有收費亭，每輛車酌收門票十元美金，七天有效。

4. 公園適合造訪的季節是在乾季，約從11月至4月下旬，其中又以12月到2月的氣候最為涼爽。夏天很濕熱，不但有午後雷陣雨和颶風來襲，而且是蚊蟲滋生的季節。

5. 公園內唯一提供餐飲住宿之處，是道路西端的紅鸛旅社（Flamingo Lodge）。園內道路沿線均無餐飲設施，如欲露營，建議進入公園前，先在佛羅里達市購妥所需食物。

6. 公園營地先到先占，僅在11月至4月接受預訂，免費專線（800）365-2267。營地一天14美元，每個營地最多不能超過八人。

7. 紅鸛旅社與碼頭觀光船艇訂位專線（941）695-3101；萬島嶼觀光船訂位專線 （941）695-2591；鯊魚谷電車團（Tram Tour）訂位專線（305）221-8455。

8. 大沼澤國家公園其他相關資訊查詢電話（305）242-7700；網站：http://www.nps.gov/ever/planyourvisit/feesandreservations.htm
或http://www.everglades.national-park.com/visit.htm#per

Appendix ［ 荒野天堂 ］

## 延伸閱讀 & 相關網站

* *The Rise of Theodore Roosevelt*, by Edmund Morris, Modern Library, a division of Random House, Inc., New York, (Paperback Edition) 2002.

* *The Wilderness Warrior: Theodore Roosevelt and the Crusade for America*, by Douglas Brinkley, Harper Collins Publishers, (Hardcover) 2009.

* 阿帕契之林國家野生動物保護區 (Bosque del Apache National Wildlife Refuge)
  http://www.fws.gov/refuges/profiles/index.cfm?id=22520
  http://www.friendsofthebosque.org/

* 美國國家野生動物保護區體系 (National Wildlife Refuge System)
  http://www.fws.gov/Refuges/

* 大沼澤國家公園 (Everglades National Park)
  http://www.nps.gov/ever/index.htm
  http://www.everglades.national-park.com/

* 大沼澤生態重建計畫 (Comprehensive Everglades Restoration Plan)
  http://www.evergladesplan.org/index.aspx

* 美國國家公園總覽 (National Park Service)
  http://www.nps.gov/index.htm
  http://www.nps.gov/findapark/index.htm

* 美國的「世界遺產」總覽 (World Heritage Sites in the U.S.A.)
  http://www.nps.gov/oia/topics/worldheritage/worldheritage.htm

* 聯合國教科文組織所列的世界遺產總覽 (UNESCO World Heritage Sites)
  http://whc.unesco.org/en/list